SMALL GARDEN HANDBOOK

英国皇家园艺学会 小花园园艺指南

[英] **安德鲁·威尔森** 著　[英] **史蒂文·伍斯特** 摄影　**刘庭风　田卉** 译

SPM 南方出版传媒 广东人民出版社

·广州·

划分出一个可以让人放松的区域是非常值得的。你可以坐在那里享受周围的环境，还能在花园独特的氛围中晒晒太阳。

SMALL GARDEN HANDBOOK

简介

对于“小”，似乎没有明确的定义。牛津英语词典辅助性的解释为“不大”，但其侧重点也许在比较方面。虽然小花园的概念是相对而言的，但可以肯定的是，在历代的园丁手中，“小”花园的尺度是在不断缩小的。

这给我们的幸福带来了挑战，那就是日常的生产性园艺、户外娱乐或者简单放松，都会影响到花园的私密性，导致我们缺少隐私。我们需要更多创造性的方法来应对这个挑战。

《英国皇家园艺学会 小花园园艺指南》解决了小空间内私密性与生产功能之间的矛盾，它能发现你的需求并提供切实可行的种植建议。这本书旨在指导你如何以一个设计师的眼光来看待你的花园，以及如何评估和量化你现有的资源。把这里的知识、自己的计划以及受到的启发相结合，你就会发现，你的小花园能被非常好地利用起来。

精心的指导和前瞻性思考，会为你的雄心壮志提供切实可行的方法，并在以后的日子里促使你不断积极前行。这本书会从项目开始到具体实施，再到如何选择合适的植物物种等各个方面来帮助你完成一个花园的建造。日常维护和管理的指导也包括在内，以保证花园未来的可持续发展。

这本手册图文并茂，并配有简单的图示，为你创造和扩展小花园提供了不可或缺的帮助。可操作的实践案例强化了各个章节的内容，来自其他花园的设计案例也会为你的设计思路提供支持和帮助。

享受这段探索和建造花园的旅程吧，哪怕是开拓最小的空间，花园的建造风格也体现了你的志趣和生活方式。

◀ 即使在狭小的空间内，也要用夸张的叶片和艳丽的色彩来表达冒险精神。使用各种栽培容器可以帮助你萌生新的创意，使你的小花园焕然一新。

序言

中西对比语境下的花园理念

作为一个中国传统园林的研究者和设计师，长期以来，我对花园并未给予足够的重视。前年，浙江农林大学的园艺专家夏宜平教授问我：花园一词最早在何时出现？我一时语塞，直至今年二月十七日，我才查阅了历时十三年编写的《中国园林年表初编》，发现最早的是春秋时庆忌在浙江杭州的琼花园，其次是北宋洛阳的天王院花园子。李格非的《洛阳名园记》专门记载了天王院花园子，“洛中花甚多种，而独名牡丹曰‘花’；凡园皆植牡丹，而独名此曰‘花园子’，盖无他池亭，独有牡丹数十万本。凡城中赖花以生者，毕家于此。至花时，张幕幄，列市肆，管弦其中。城中士女，绝烟火游之。过花时则复为丘墟，破垣遗灶相望矣。今牡丹岁益滋，而姚黄、魏花，一枝千钱，姚黄无卖者。”据我的博士生张瑶考证，这是一个名为安国院的寺院的花园。既然在洛阳，自是以牡丹为主，竟也不凿池构亭。

在北宋时，“花园子”仅仅是一个园林的名称而已，宋以后开始有了花匠的含义。《金史·卷五十七·志第三十八》“百官三”中载：“中都店宅务。管勾四员，正九品，各以二员分左右厢，掌官房地基，征收官钱、检料修造摧毁房舍。……又别设左厢平乐楼花园子一名，右厢馆子四人。”可见，“花园子”是房舍建造的职务之一，是从事花园业的花匠时称。

北宋末年，造园家朱勔成为宋徽宗的造园干将。他是艮岳花石材料运输部门的实际执行者，所以，后人就把他当成花园子的祖师爷了。明朝时，黄省曾的《吴风录》中说，朱勔以花石营艮岳，其后代“居虎丘之麓，尚以种艺垒山为业，游于王侯之门，俗呼为‘花园子’。”又，顾起元撰《客座赘语·花木》：“几案所供盆景，旧惟虎刺一二品而已。近来花园子自吴中运至，品目益多。”可见，“花园子”亦是对花匠的俗称。

清朝时“花园子”已演化为园林的俗称，这一点在小说中多有体现。曹雪芹《红楼梦》第53回中，贾蓉称“头一年省亲连盖花园子，你算算那一注共花了多少，就知道了。”石玉昆《续小五义》第52回中：“（智化、徐良）叔侄下了墙头，趴伏于地，往四下瞧看了一回，正是花园子景致：亭馆楼台，树木丛杂，太湖山石，抱月小桥，月牙河，四方亭，荼蘼架，好大的一个花园子。”姜振铭《永庆升平前传》第90回：“往正西是花园子，里面暖阁凉亭，游斋跨所，楼台花草，甚是幽雅。”从小说中可以看出，此时的花园子已经演变为各种造园要素齐全、精致优美的园林。其实，这时的花园子与园林已无多大差异，可能最大的差异就是花卉数量的多少了。

从洛阳园林的现状来看，皆是以牡丹为特色，是名副其实的花园，但是，把它与欧美的花园相比较，我们发现，二者还是有许多差异的。中国式的花园，只适合于行观和中尺度观赏，而欧美花园因为使用了大量的户外家具，使其观赏方式可行可望，可居可游，大有北宋宫廷画家郭熙《林泉高致》中所说的“四可”之意。西方的花园还有一个特征：可坐可卧。南朝宋山水画家宗炳说，自己老了，走不动了，只有在家里卧游了。而这个卧游与现在西方花园躺在躺椅上观赏之举有着惊人的相似。那么他们是不是学我们的呢？显然不是。因为宗炳的卧游是在室内，而西方的卧游是在室外。我推测这可能得益于西方户外家具的发展。

是不是中国人在过去就没有类似的家具呢？有。有资料说唐代就在三国胡床上设靠背，发展出一种没有四足的逍遥椅，躺在上面，可以前后摇动，后来发展为也可左右摇摆。逍遥椅又称躺椅，清薛福成《庸盦笔记·史料二·多忠勇公薨于盩厔》中提到：“巡抚刘公往视之，见其卧于躺椅，困惫殊甚。”

《负曝闲谈》第六回里说:“江裴度又好气，又好笑，随手一屁股坐在躺椅上，两只眼睛直勾勾的对她瞧着。”李劼人《大波》第一部第三章:“田老兄五岳朝天地仰在一张躺椅上。”

花园可以说是小型的园林，是以花卉为主的园林。它的普及有两个条件，一是土地制度，二是文化艺术水平。公有制之下难以有私人土地，只有在私有制下，土地才允许被自主使用。而文化艺术水平指的是土地拥有者的艺术素质，一个没有艺术细胞的地主，很难有这方面的需求。

从英国花园的尺度来看，本书作者安德鲁·威尔森（Andrew Wilson）说五米见方，这个尺度，其实只有两棵街道行道树之间的距离，也与我国主体建筑当心间的柱距接近。在英国，这个尺度是国民的契约产权拥有的普遍尺度。对于土地拥有者来说，他们拥有的土地是十分亲切的，但如何才能把地主对土地的亲切转化为持久的热爱呢？那就是通过修建花园。这种由单纯地拥有土地转化为建设花园的过程，其实就是由经济实用转向审美鉴赏的过程。这种尺度的土地在中国的农村也普遍存在，只是它们被赋予了独特的乡土文化，中国人称之为耕读文化。普通大众的庭院以耕为主，种植水果、木材或蔬菜，兼具实用，通风、采光、排水，罕有花园盆栽。文化人士的庭院以读为主，设书房，置笔墨，题匾额，写楹联。题字的“意”与庭院的“境”相合，是中国园林的最高境界。典范如安徽民居、浙江民居、江苏民居和四川民居，皆有俗与文之别。绿化之上的美化是文化的表现，是脱离了低级趣味的高品位追求。目前，新兴的富翁们走入胡同，购买四合院，拆违改园，成为中国私家园林的新风尚。但是，在城市，土地公有制下不允许私园的出现，罕见的别墅开发也是在改革开放早期，以至于有些别墅区出现楼王的独立园林，风格多样。大众化的居住区，只有走首层送院子的路线，这种院子就与西方的花园尺度相近了。再低一个档次的就是阳台花园了。这两种形式是当前城市花园的主要形式。

因为紧贴住宅，故花园的使用频率很高。花园是住宅活动空间的延展，它的私密性是西方花园最为关切的问题。纵然只有五米，还是要对场地的每个点位进行现场考察，考察环境赋予的私密性和开敞性。因为私密性是家庭生活中安全、坦然、舒适的标志。邻里之间视线的通透是对私密性最大的挑战，发现已有的私密空间和创造新的私密空间，成为花园设计的重要工作。而这一点，与现代中国别墅的前后院设计相近，但是又与中国传统天井和庭院是截然不同的。中国的天井和庭院常成为家族多家、多人共同使用的公共空间。必须明确的是，中国花园的开敞性并非围合上的开敞，而是使用方式和交通流线上的公共性，带有一定的私密性，但与西方花园的私密性是不同的。

欧洲花园与中国园林的差异还在于大量陈设品的应用。中国园林几乎不陈设艺术品，而欧洲花园的户外陈设遍地都是——古典花园以雕塑为主题，配以陶器、石器、铁器等；在现代园中，更是把工业时代的工具、材料、废弃物或半成品当成了陈设，可谓一脉相承。近年，中国庭院的生活化，主要表现于户外家具的配饰上，秋千、躺椅、阳伞成为标配。

边界处理的生态性是欧洲花园与中式园林显著的差异。中国人一直把边界当成敌我分界，所谓的楚河汉界，一定是泾渭分明，而且高度超过常人的攀越能力的，比如苏州园林的围墙通常高达三米以上。令人惊奇的是，安德鲁把边界当成人与人、人与动物友好的界面，在设计时，会考量边界对邻居场地的影响，特别是在视线上的影响。既要运用框架结构面对邻居，同时还不忘把花园的魅力展示给对方。既要运用攀缘植物来掩盖边界，形成欣欣向荣的美感，也要在结构上留出生物通道，让野生动物自由往来。

对于设计手法，安德鲁先生提到借景、框景和障景。借景于园外，框景于园中，障景于门口，这是中国的惯用手法。计成《园冶》中明确说了“巧于因借，精在体宜”，“俗则屏之，嘉则收之”。李渔《闲情偶寄》中提出“无心画”和“尺幅窗”就是框景，瘦西湖吹台和拙政园梧竹幽居是经典之作。障景于院门，遮挡院外的疾风和窥视。由此看来，中英两国人还是达成了共识。

之所以把这本书翻译成中文，首先是希望读者从书中学习到英国人建造花园的方法以及他们的审美情趣，其次就是希望中国人能重拾对花园的兴趣，营造具有中国特色的花园。

西方尤盛举办花园博览会，英国每年举办的切尔西花展和汉普敦国际花园展就是最著名的两个盛会。2005年，我有幸代表中国参加汉普敦国际花园展。我设计的蝴蝶园是一个中式的庭院，但是，我们的理念与西方理念具有极大的不同。首先就是围合概念。中国园林是四合院的变型，院园合一，园中有院。围墙是围院围园的唯一手段，但是，在最后阶段，这一设计因为消防问题而被取消，六十米长的围墙最后只留下十米以示概念。而参展的西方花园，没有高墙围合的。其次，蝴蝶园方案最初设计的三个大、中、小组合院落，因在实际建造时无法在二十天内完工，并且与消防疏散措施相冲突，也被取消了。纵观中国近二十年兴起的园林博览会，展园都有设计围墙，由多个院落构成。从中西的对比上看，两国秉持不同的概念。西方热衷的花园并非中国人热衷的园林，中国人热衷的园林也非西方人热衷的花园。2019年的北京世界园艺博览会上，各种展园虽说以园艺为主，其实与其他的园林展览会也相差无几。唯一能让我感受到园艺成果的是绿雕，虽与中式盆景有关，但更接近西式修剪。

真正用来展示花园的博览会是“庭院与花园园艺展览会”，该展览会起步很晚，首届开展时间是2018年1月14日至15日，在上海浦东世博展览馆3号馆，由中国造园行业协会和《中国花卉报》社主办，参加的单位主要是各个园艺公司。第二届是2019年1月4日至6日，地点也在上海世博园展览馆，由中国造园行业协会和花园俱乐部主办。所谓的花园俱乐部就是由参展单位共同组成的园艺专业联盟。展会期间还举办了第二届中国庭院发展高峰论坛。第三届是2020年1月4日至6日，地点同是在上海浦东世博展览馆。这几届的庭院与花园园艺博览会，又被称为花园大会，特点是花，这是与西方花园的英文本义最接近的了。

难道中国古代就没有花园传统？我翻开历史，发现北宋时以洛阳为中心的花园就十分兴盛。开花时搭建临时性的帷幕为市，过花时便为废墟，具有典型的时令性和周期性。洛阳花市极为兴盛，钱惟演任西京留守（1031年左右）时，举办了首个牡丹花会——“万花会”。据张邦基的《墨庄漫录》记载：“西京牡丹闻于天下，花盛时，太守作万花会，宴集之所，以花作屏帐，至于梁栋柱拱，悉以竹筒贮水，簪花钉挂，举目皆花也。”官方活动促进了民间花市的火爆。欧阳修此时正任西京留守推官，他也极爱牡丹，作有《洛阳牡丹记》，其中就有关于“风俗记”的描述：“花开时，士庶竞为游遨，往往于古寺废宅有池台处为市，并张幄帟，笙歌之声相闻……至花落乃罢。”文彦博的《游花市示之珍慕容》中还描写了夜市景象：“列市千灯争闪烁，长廊万蕊斗鲜妍。交驰翠幰新罗绮，迎献芳樽细管弦。”

本书的翻译得益于毕业多年的田卉同学。田卉在读期间，学业优异，积极向上，显示了超凡的科研能力，成为工作室的负责人。非常巧合的是，她的毕业论文题目是《五大道洋房花园风格研究》，是天津市社会科学重点课题“天津五大道洋房花园保护开发与利用研究”的一部分，研究对象就是中国近代的花园。她率领五人小组，历时二年，全面测绘了五大道的二十三处洋房花园。她的毕业论文后来正式出版，这也显示了她本人在整个研究中的领头羊作用。旅居美国之后，她继续深造，深得中西方花园之旨，又在美国从事园林设计多年，具有丰富的工程经验。此书可以算作是她的硕士课题“洋房花园”的深入研究和梅开二度。翻译工作说是合作，其实基本上是她的付出。同时，也希望此书对中国的花园事业有所促进，有所帮助。

有感于中西花园的交流，作诗一首：

花园自古中国有，北宋洛阳才定称。
十万牡丹花王院，名园记里名爆棚。
自从鸦片战争后，旧日红花泪五更。
借得安君转运手，掀起花园大汉风。

天津大学风景园林系教授
刘庭风
2020年4月16日

Contents 目录

SMALL GARDEN BASICS

基础

当你在畅想一直憧憬的花园时，你想象中的花园空间可能比实际大许多。所以如果想成功的话，在真正开始设计花园时，你应该花点时间来搜集实际资料，并整合自己的想法。

这样做是为了确定最佳的解决方案，便于日后实施，就像专业设计师那样。更重要的是，在规划的过程中，你还可以随时加入很多新想法。

15 种探究场地潜力的方法

1. 测量场地

要确保你知道花园的正确尺寸。用 5 米（16 英尺）或者更长的卷尺进行测量，从而尽可能保证测量的准确性，并且有条理地记录尺寸。

2. 检查水平高度

注意花园内所有的高度变化。如果花园内已经建有台阶，那么水平方向的变化较容易测量。但是对于一个坡地花园就要注意花园边界水平高度的变化，可以借用绳子来确定坡地的高度。

3. 辨认现有设施

记录下花园所有的主要特征，例如存储空间、树木、种植边界以及铺装区域[1]等。测量这些区域的位置可以帮助你决定哪些需要保留，哪些需要移除。

4. 你拥有哪种土壤?

当你在评估花园土壤时，需要知道土壤的 pH 值，以此来确定土壤的酸碱度。土地的酸碱度会告诉你适合种植哪种植物。便宜的土壤测试工具可以在花卉市场以及网上买到。

1 铺装：指运用硬质的天然或人工制作的铺地材料来装饰路面。——译注

5. 你的土壤健康吗?

在花园内，用于铺装或长期遭到忽视的土壤往往状况较差，较为贫瘠，需要彻底翻开土壤，并施加富含营养的有机肥料。某些情况下还需要添加新的表层土壤，但在这之前要确保排水畅通。精心种植和经常维护的花园会有更好的土壤条件。

6. 确定属性

一些花园拥有其内在属性。这与其中的光影变化、花园的年龄、周围环境以及场地中的硬质、软质材料有关。你要判断出哪些是对花园属性很重要的元素，并且最大程度地利用好它们。

7. 深度挖掘

虽然新花园看起来不会有什么问题，但最好检查一下是否有什么东西隐藏在表层土壤下。施工者往往把垃圾留在现场并用一层薄土覆盖。不仅如此，花园原有的土壤也会板结[2]，需要重新轮作或者松土。

8. 对付有问题的植物

由于被忽视而疯长的植物和野草，需要大力修剪或者全部移除。

9. 注意现有材质

你要辨别、评估花园中硬质材料的质量和特点。有年代感的铺装特征通常包括砖、石墙以及混凝

2 板结：农业术语。指土壤因缺乏有机质，在降雨或灌水后变硬结块。——译注

土。要确定好材质的种类，才能决定在现有状态下你需要做什么。

10. 你可以借景吗？

合理拓展视线，或者巧妙运用周边的植物，就可以使小空间“以小见大”，同时，精心布置的植物可以屏蔽掉景色不优美的区域。这些想法会给你的设计带来非常大的影响。

11. 你的场地的私密性如何？

小花园通常缺乏隐蔽性，周围的住户可能会把小花园看得一清二楚。虽然人们对此有不同的忍耐程度，但把花园中最暴露的地方和较为隐秘的地方标记下来还是有用处的，因为这些信息可能最终会影响你对花园的再设计。

12. 追寻太阳的轨迹

辨别太阳在花园里寻常一天以及全年的运行轨迹。冬天太阳直射角较低时，一些小花园会始终笼罩在阴影里。这会影响到你种植的植物品种和种植位置。

13. 围墙属于谁？

了解清楚花园边界的所有权。一些邻居不希望有任何东西延伸到他们的边界，比如屋檐。还有一些邻居对分担翻新围墙的费用比较敏感。另外，围墙的所有权可能涉及两位及以上的户主。

14. 规划你的屋顶花园

在规划种植形式之前，要清楚屋顶的承重范围，尤其是当你在考虑翻新一个老旧的平屋顶时。在这些区域，我们会把植物种在花盆里或者高起的种植池中，但是土壤会非常沉重，所以要用无土栽培基质。

15. 动工前的注意事项

在你对花园做出任何大的改造前，请先与你所在地的政府部门核实情况。如果你的花园在自然保护区内，改造花园的工作就会有所限制。只有获得自然保护区的许可，才能砍伐超过一定高度的大树。

认识你的场地

在对花园开始动工之前，花点时间明确你的职责是很重要的。你需要判断场地的特点和场地中已有的物品。大部分设计师会将这些评估划分到调查和分析中。

调查信息

这类评估往往是实际的、客观的，同时可以包含广泛的信息，比如从场地的历史痕迹到边界墙上砖石的大小和种类。

分析信息

这类信息是非常主观的，是基于你对花园的个人反应和感受得出的。它可能包括你对花园特点的认识，以及身处花园时的舒适度和幸福感。有时候这种感觉会随着你对空间的熟悉程度，以及花园内的四季变化而发生改变。

观察的方法

有些人会建议第一年不要改变你的花园，这样就能观察和发现隐藏在其中的宝藏，比如春天的球根花卉或者秋天的缤纷色彩。

这种方法有利于你更好地了解你的花园，从而做出深思熟虑的决定。

如何记录结果？

当开始熟悉一个花园时，在笔记本或者草稿纸上记录花园信息和个人想法是非常必要的。不同时节的花园照片会提醒你四季万物是如何变化的。

这类的记录工作也可以借助电子工具完成，这样更便于你获取数码照片以及上网搜索信息。你可以使用简单的软件绘制有尺寸标注的平面图，当然也可以在有刻度的绘图纸上标注出测量的尺寸，并且开始重新设计花园的布局。

▲ 花园的私密性会影响你使用花园时的舒适度。精心选择种植在边界和作为屏障的植物，将有助于遮挡毗邻的建筑。

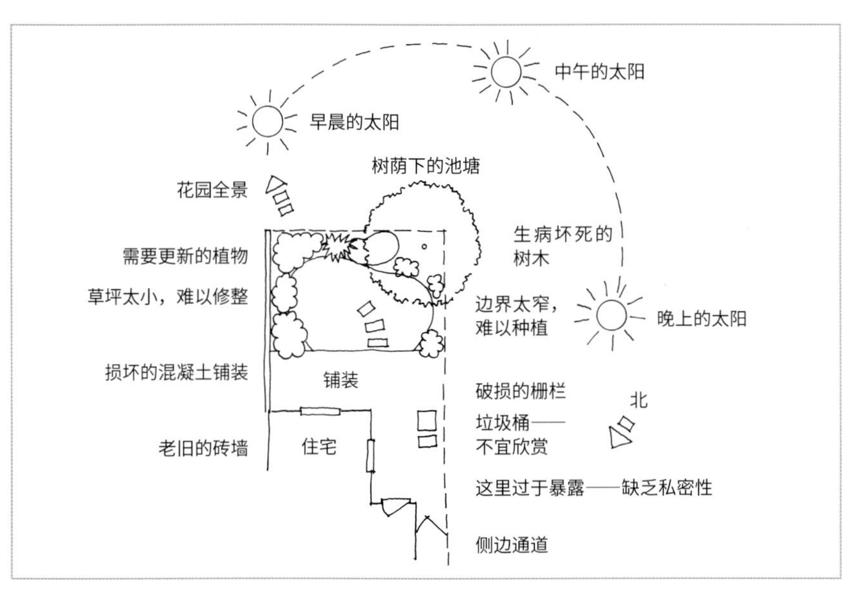

▲ 简单的手绘平面图

绘制花园平面图时需要考虑以下要素：观察太阳对花园的影响并分析阴影的覆盖范围，一年之中光影每天都在变化；探索花园外的环境，预测邻居是否会窥探你的生活隐私。

当你接手一个趋于完善的花园时，你可能会承担起照料多种新植物的责任。识别这些植物的关键特征，可以使你更容易辨认它们，并了解如何照顾它们。

测量你的场地

在进行更加详细的测量之前，先确认和测量出你拥有的土地的边界以及房屋的占地轮廓，因为它们都与花园相接。简单地按比例手绘布局图，可以帮助你分析场地空间。1:20 或者 1:10 都是适合小场地的最佳比例。

住宅

住宅的外墙是花园中建造得最精准的，可以为测量工作提供理想的基准线。要注意每一面墙的长度，窗户、门、台阶、总排水管以及通风口的位置。观察墙与墙之间是如何连接的，以及建筑是否呈现倾斜、弯曲等特征。

边界

记录花园的边界是如何与建筑相关联的，以及边界的高度和布局。很少有边界是笔直的。

要从住宅的中线开始测量，并且所有的测量都应该垂直于该中线。

水平方向的高差

一旦开始绘制花园边界和基本的花园布局，你就可以开始在平面图上标注水平方向的高度差了。台阶和墙比较容易测量，但是一些不规则的坡度较难绘制。在园艺挂线水平仪的帮助下，你可以在地块的重要部位，甚至是任意角落测量花园的高度差。

如果你希望创造一个有高度差的平面，哪怕是不明显的高低变化都会给小花园带来不少土方运输[1]。好在有挖掘工作就会有相应的填平或垫高土地的需要，所以较为理想的平衡方法是将高低差设计在同一区域内。

种植物

测量要种植的区域以及重要的大树和灌木。在平面图上标注它们的树干以及冠幅（即竖直投影的范围）。最后测量花园内所有构筑物[2]的位置以及高度，这些也会对估算它们的投影有所帮助。

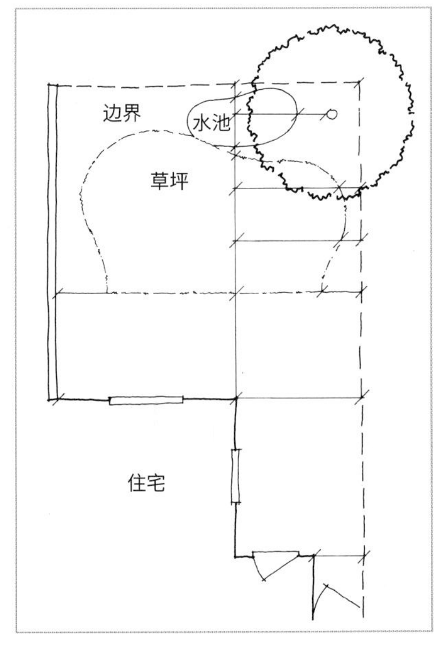

▲ 场地花园的草图

花园被若干垂直于彼此的直线分割，称为偏移。仔细的测量会帮助你确认以往测量不准确的地方，并发现花园的精确几何形状。

1 指泥土、石块等建筑材料的运输工作。——译注

2 构筑物是指不具备、不包含或不提供人类居住功能的人工建造物，比如水塔、水池、过滤池、澄清池、沼气池等。——译注

自己动手设计

测量把一切变得简单

了解你花园的尺寸，并将尺寸添加到你的平面图中，将有助于量化花园的大小和花园所具有的潜力。测量通常是两个人的工作。

- 使用长度为 25 米（80 英尺）或者 30 米（100 英尺）的卷尺以及稍短的伸缩尺。
- 测量房屋的立面，将窗户和门作为测量基准，然后测量边界。
- 通过测量对角线的尺寸来检查测量数值是否准确。边界很少是笔直的。
- 对于形状奇怪的场地，设定一条垂直于住宅的直线，并以固定的间隔进行一系列偏移 90°的测量，直到场地的边界。

了解你的土壤

在你的花园中，土壤扮演了两个角色。首先它支撑了你花园中的所有铺装、硬质材料以及构筑物；其次它会为你的植物提供肥沃的生长肥料。

土壤有一层表层土（10～50厘米/4～20英寸深），富含肥沃的腐殖质（*humus*），下有一层底层土。挖掘洞或壕沟时，你就会发现腐殖质层通常是深色的，并且质感很粗糙。底层土则是富含矿物质、非有机物的土层，可以达到非常深的位置。它通常比表层土颜色更浅，其中掺杂着石块、燧石以及更粗糙的颗粒。

大多数的土壤可以根据其中黏土、沙砾和泥沙的含量来进行分类。在壤土中，这三种土质则大致呈相同的比例结构。

▲ 土壤往往随着时间而结块变硬，所以在开始种植前要充分做好开垦土壤的准备。这一点在新的花园里尤为重要。

硬质铺装下的土壤

底层土是比表层土更适合施工的基地，虽然它可能需要施工来不断夯实，从而提供坚实的基础。所以你应该在需要铺装或者建立墙和栅栏基础的地方，把肥沃的腐殖质表层土移开，留着用在其他需要种植的区域。

当挖掘浅沟做基础时，切记不要混淆底层土和腐殖质，因为这会降低土地的肥力。

黏土

这种土壤会给园丁造成很多问题。夏天黏土会被晒硬，随后会导致缩水、皴裂；潮湿时，黏土又会储水变黏，导致园丁很难在上面进行工作。过多的水分还会让它膨胀。

虽然很多黏土富含营养，但除非改变它的物理结构，否则多数植物无法吸收这些营养。添加有机物质，诸如发酵的粪便、肥料、叶霉菌等，可以帮助改变土壤的结构。粗糙的沙砾或者细小的碎石也有同样的作用。可以通过翻地来瓦解土壤结构，这一工作非常艰苦，最好在冬天进行，因为霜冻也会帮助破坏黏土的结构。种植土豆等作物可以加速黏土结构瓦解的过程，并且还能为人们提供食物。

有时土壤表层会形成水坑，在潮湿的情况下，黏土的温度会比其他类型的土壤都要低得多。在地下建造渗坑或者铺设渗透性管道会缓解这种情况。

沙砾

沙土的结构是松散的，排水良好，所以很少出现排水或积水的问题。它虽然通气性好却“营养不良”，因为营养已经随着良好的排水结构流失了。日常添加发酵的粪便、肥料、腐叶土可以帮助沙土改善结构，并且保留营养和水分。

泥沙

泥沙往往是非常肥沃的，但它的质地太细腻，结构不利于排水，所以需要通风和翻耕来打破它的结构。与其他土壤一样，有机质和细沙有助于改善淤泥的结构。

壤土

壤土是最理想的土壤。壤土包含了黏土、沙砾和泥沙这三种土质

▲ 黏土湿润时膨胀，干燥时收缩或开裂。这种土壤很难用于种植，排水不良可能是其中的主要问题之一。

▲ 沙土排水性能极好但会带走养分，所以营养很容易流失。通常这类土壤呈酸性。

▲ 泥沙土壤肥沃，但排水能力差，因为它细小的颗粒黏在一起，阻碍了排水。

的优点。它有良好的肥力、保湿力和排水能力，比较容易耕种。添加有机物可以让它保持肥力和通透的结构，对植物根系的延展最为有利。

土壤的 pH 值

土壤的化学属性由 pH 值来表示，这取决于土壤是由哪种母系岩石分解而成的。土壤的 pH 值多种多样，从酸性（pH 值低于 7）到碱性（pH 值高于 7），若两者平衡，则最终呈中性。最适宜植物生长的酸碱度范围是 pH5.5～pH7.5。

中性的土壤可以种植多种植物，无论是喜欢轻微酸性的植物，还是喜欢轻微碱性的植物，都可以在这种条件下共存。大自然中的沙土一般呈酸性，而石灰岩区域的土壤一般呈碱性。黏土可能呈酸性，也可能呈碱性。

土壤的内在属性几乎无法改变，而且如果长时间放任不管的话，所有土壤都会变回原来的属性。所以最好的策略就是接受土壤的自然属性，并且选择适合这种属性的植物。如果想知道花园中土壤的 pH 值，可以采样送到专业的实验室或者买一套土壤测试工具。腐殖质土层的深度不一，但是通常在土壤表面以下 15～20 厘米（6～8 英尺）的地方进行采样，就可以提供准确的 pH 值读数。土壤区域图[1]可以提供你所在区域的土壤种类。

植物对 pH 值的体现

在花园和小区中自发茁壮生长的植物，可作为指示物种，因为它们可以告诉你这里土壤的类型以及可以种植的植物种类。

◀ **杜鹃**（rhododendron）喜欢在酸性土壤中生长，在碱性土壤中它会变得不健康，叶片发黄。红豆杉、黄杨、薰衣草和百里香更喜欢碱性土壤。散步时你会发现当地的典型物种。

获取原料

许多小型城市花园无法从街道直接进入，要么因为它们是高层建筑的一部分，要么因为房子或公寓外没有道路或大门。在早期规划时，你需要注意的是，运送挖掘的土壤和清理拆除的材料都必须经过房屋或者电梯。因此为了方便移动，材料必须打包好，并且你还要保护家里的家具和地面不受损坏。这可能使你的计划被长久地延迟。

1 根据各地不同的土壤发生特点、地理分布规律、土壤资源特点和生产力，对土壤群体做的地理上的区分。——译注

坡向和气候

花园的坡向是由它相对于太阳的位置决定的，在北半球它与正北的位置有关。若是想知晓花园与阳光、风向和当地气候是如何相互作用的，那么坡向就是重要的指示。

园墙的位置

墙、树木、花园中的小建筑和住宅都会投下阴影。

在北半球，朝北的园墙会比较阴冷，而朝南的园墙一天之中大部分时间都被阳光照射，不会投下阴影。东边的墙往往迎接早晨的第一束阳光，这在夏天不会造成什么影响，但在冬天和春天，早晨的太阳会让气温快速升高。如果夜间的温度接近或低于零度，那么依墙生长的植物在冷热交替下就有可能受到伤害，尤其是这种过程一天往复数次的话。

西面的墙会送走每天的最后一缕阳光，所以是升温最慢的，因为在阳光照射到花园这部分前，周围的温度已经逐渐升高了。

花园内的小气候

在花园中，阳光和阴影交替出现，伴随着空气的流动与进出，造就了一个花园的小气候。在北半球，向北、西北和东北的花园会比向南、西南和东南的花园更凉爽。

有园墙和栅栏围绕的花园可以减少风霜的摧残，但是高处的阳台或者屋顶花园，会比其他地方的花园更易在风中受损（沿海地区除外）。这是人们常忽视的一面——小气候会严重影响植物生长。

▲ **铁线莲**（*Clematis*）需要在阳光充足的地方茁壮成长，所以如果想把这种喜光的植物种在你的小花园中，就需要先确定花园的坡向和方位。

自己动手设计

树冠提升

- 你可以进行“树冠提升”来减少成熟的树木和大型灌木造成的浓重阴影。
- 理想的“树冠提升”应该在树木成熟之前进行，因为伤口的尺寸会随着树的生长而变小。
- 去除较低的枝丫来使地面和树冠底部之间产生更多的空间（如右图所示）。这使得树枝下面更容易接近，并且增加了光照，改善了附近树木或灌木的种植条件。
- 在修剪树枝时，应该把树枝与主干相连的膨大基部之前的部位切掉。这将阻止疾病和腐烂侵袭到主干中。

认识你的植物

当你接手了一个现成的花园时，辨认所有现存植物是很重要的。最好的方法是找到一本高质量且按季节排列植物的百科全书，将植物的关键特征与书中的照片进行比较。

乔木

乔木最容易通过树干、叶子形状、花朵或果实辨认出来。在一年中的任意时节，都可以根据树干来辨认乔木的品种，但是乔木的其他明显特征要等到春天或者夏天才能观察到。不过，一些树种，例如白蜡（*ash*）或者七叶树（*horse chestnut*）却有可以在冬天观赏的独特树干。

灌木

有些灌木也有观赏性的树干和树枝，人们通常根据它们的树叶、花、果来将其分类。一些灌木因为冬天开花而尤其珍贵。

宿根植物（指多年生落叶草本植物）

在冬天，宿根植物（perennials）通常难以辨认，因为它们留在地面上的部分会死去或者消失。因此明智的做法是等到夏天再去辨认众多的宿根植物，因为到那时，大多数物种才开始展示自己。

1

2

3

4

适合小花园的树木

这些中小型树木可能需要修剪来保持它们的美观。

1. 鸡爪槭（*Acer palmatum*），结构紧凑，秋色好，叶纤细，品种繁多。

2. 白桦（*Betula pendula*），优雅，银色树皮，小叶透光，野生动物利用价值高。

3. 樱桃李（*Prunus cerasifera*），开小花，通常是最早开花的品种之一，叶成熟时呈深紫红色。

4. 观赏海棠（*Malus* ‘John Downie’），是一种小型树种，春季开花；其秋季果实可食用，保鲜期长，且色彩缤纷。

5. 银杏树（*Ginkgo biloba*），通常很高，但树冠较窄；这种落叶树遮阴较少。

6. 长叶金合欢（*Acacia longifolia*），一种冬季开花的树，叶型纤细，树冠透光，树荫小。

7. 西洋梨（*Pyrus* ‘Beurré Hardy’），是典型的嫁接果树，可以在各种砧木上嫁接，也可以靠墙栽培。

5

6

7

评估你的硬质铺装

在花园内，你会发现存在不同的铺装混搭，所以需要决定哪种铺装保留，哪种移除。结合遗留的植物，你要考虑是否需要硬质铺装，以及每种铺装是否符合你的设计标准。你需要评估铺装的风格以及质量，并且研究新设计需要的铺装数量。值得注意的是，使崭新的铺装和久经风霜的现存铺装相匹配是很困难的。

铺装的再利用

保留诸如砂岩、石灰岩这类天然的铺装材质和更加传统的砂岩石材，着实是一件美事。少量的铺装可以重新用在座椅的基座或者铺装区域，但是建造新门廊的更好的办法，通常是采用新的铺装。混凝土可以就地浇筑，这样就会形成少量接缝的大面积铺装；或者可以提前预制，分割成小块来模仿天然石材。

如果符合你的小花园的风格，可以重复将砖使用在小路或者砖墙上，也会带来很好的效果。

适合小空间的材料

1. **天然石材**要综合考虑其尺寸大小和所属的石头类型（图中有石板、石灰石和花岗岩）。碎石可以与其他类型的石料和颜色相匹配。

2. **斑岩铺装**有许多不同的颜色，斑岩是一种火成岩，通常是粒状的或结晶状的。

3. **砖石**之间的颜色和尺寸的对比形成了有趣的图案，打破了花园的格局。

4. **手工制造的砖和瓦**可以结合使用，为园林小路增加装饰效果。但需要确定两种材料的抗寒性是否一致。

5. 在花园中，**石灰石**可以铺在大板材中作为草坪的边缘；或者铺在常用区域，作为路径。石灰石可在一定的颜色范围内使用。

凸显你的风格

人们对花园和空间的感受各有不同。种满美丽植物的地方不一定就会让你感到喜悦和富有情趣，有时候人们对特定地方的感受是需要联想的。这是在花园评估中较为抽象的一方面，却非常有助于你了解你的花园。很大程度上，这样的分析过程其实是在更多地展现出你的个性，甚至能从中体现出你的生活经历。

花园的格调

同买房子一样，你看到花园的第一眼就会有一个直觉的反应。即使是第一眼让人感到消极和苦闷的花园也一定有它们的可取之处。这可能与规模有关，一个狭小封闭的空间对某些人来讲或许觉得温馨，但是对另外一些人来说则会感到闭塞；有的空间使一些人觉得宽敞开阔，但其他人或许会认为，太过开阔会被别人从高处一览无余，缺少隐私。

光影的组合形式也会影响你对户外空间的感受。阳光穿过桦树疏朗的枝叶投下点点碎金的场景，是非常迷人、令人心生喜悦的；相反，巨大的山毛榉（*dominant beech*）或者悬铃木（plane）会投下沉重的阴影，营造出的氛围则如漫漫长夜一般枯燥苦闷。

一般的花园会给人一种阴郁的氛围，更多的是因为花园缺乏隐私性，或是布局让人感到不舒服，也可能是花园整体过于封闭，而不是花园里的植物不讨人喜欢。

察觉和分辨这种感受很重要，因为它会影响你最终决定是否要改建及扩建花园。

借景

在城区，相邻或者附近的建筑会用它们那空白枯燥的硬墙体，高高在上地遮挡住花园周围的景色。花园其他方向的景色可以柔化这种背景，加以利用能够增加花园的景深。日本人称这种造园艺术为“借景”。

评估以及定义花园周边的景色是很有帮助的，这样你才能取其精华，去其糟粕，恰当地选择利用或是将其遮挡。评估景色的方式可以考虑光影的方向以及白天观察到的活动——也许街道的景色并不美丽，但随着时间的推移会发生显著的动态变化。有时候街道的夜景更胜于白天，因为夜景照明取代了白昼的阳光。屋顶花园尤其需要在借景和防风之间做出平衡。

做出决定

冷静客观地评估花园可以帮助你得出结论——什么是有价值的，需要保留；什么是无用的，应该去掉。有时候做出这样的决定是困难的，可能需要一段时间反复思考，才能最终确定你的设计是正确的。在早期规划阶段，提出问题是很有帮助的，哪怕是关于花园最明显的特征。并且要考虑所有的改造方法，因为这会有助于你产生新的想法。

辞旧迎新

在衡量花园的现有设施和新的花园规划时，你应该记住，保留成年的植物会使你的花园更加成熟，即使它们占据了宝贵的空间。大型树木可以创造出大面积的斑驳树影，但有可能它们种植的位置不好并且超出了花园的空间。一些叶片较大的树木会在秋天造成过多的落叶垃圾，但是在其他季节它们的叶子却妙趣横生。

对于一些已建成的花园，大面积清除有助于推进你的规划。但是在这个过程中很容易丢掉已有的宝贵资产，所以记住，除非你购买的是成年植株，否则新的植物需要经过一段时间才能长成大型灌木和乔木的成熟形态。

▶ 油漆喷绘可以将鲜艳的色彩引入花园内，这些色彩会和花以及树叶的颜色交相辉映。涌泉为小花园增添了动感和声音的效果。

▶ 在阳光充足的地区，使用石灰石和砾石，配合种植多肉植物（succulents）和纤细的柑橘树（tender citrus trees），可以营造出地中海的氛围。

将用橡木雕塑的立方体作为汀步（stepping stones），同软质的种植物和纹理形成了较深的边界。被剥下外皮的河桦（*Betula nigra*）也强调了木材的颜色。

制定日程

在进一步完善花园的设计规划时，请认真思考你想如何使用花园。用于生产的花园和与朋友休闲娱乐的花园，两者会有非常不同的布局和特点。

把你希望花园具有的特色列出一个清单，例如水、灯光、雕塑品等。各种植物和材料也可以列入你的愿望清单。最初，清单的范围可以很广，但最后应该逐渐缩减范围。

咨询他人

当你开始设计花园时，可以参观其他的花园并为植物和吸引人的设计拍下照片。许多小花园不时会对公众开放，它们对启发构想很有帮助，因为其中体现了其他园主是如何处理与你相似的问题的。创建一个文件夹专门保存书和杂志中的照片，这样可以集中整理好你寻找的风格特点。

确定优先选项

罗列愿望清单的过程非常有趣，并且让你对小花园满是憧憬。困难的是你要在这些信息中排出主次顺序。限制清单的主要因素是有限的花园尺寸，事实上，要将清单中所有的东西都放入花园中是不现实的。

尽可能简化你的想法，为你的需求排序，把主要考量优先放在前面。根据需求的重要程度对清单做出删减，简化对花园空间的需求，最后呈现的效果会比风格庞杂的花园更加成功。修改后的清单对于确定花园的改建费用也会有所帮助。

规划你的资源

造园需要花费金钱，这一点毋庸置疑。花费多少取决于你想怎么做以及如何达成你的目标。如果你愿意自己动手清理旧花园，并且扩建新园，这能省下不少钱。如果你选择雇用一个承包商，那么人工费用将占据花园工程大约 30%～50% 的花费。

选择自己动手会耗费时间，因为你只能在业余时间完成工作。主要的困难在于清除原有设施、铺装施工和安装水电等专业事项，你可以寻找专业人士来帮忙做这些事情。剩下选择植物、分类和种植的工作就可以自己完成。

◀ 在严重磨损的区域使用人工草地是非常重要的，例如这个游戏空间。这一区域已被树篱部分屏蔽，这将有助于把空间与家庭花园的其他部分联系起来。

设计师有帮助吗?

雇用设计师将增加建造新花园的成本。但相应的，一个专业人士也可能会提供更加开阔的思路，这可能会促成更富有想象力的解决方案。当然，他们会在你施工和种植的过程中给予帮助，有时这也会为你省下一部分费用，因为他们能帮你避免不必要的支出。如果你打算在房子里住很长时间，那么就值得在一开始就采用最好的想法，并为此付出时间和金钱，这样你就可以尽情地享受花园了。为了分摊费用，一些园主会把建筑工程分期进行。

▲ 种植水果、蔬菜和鲜花的生产性花园，虽然也具有视觉观赏效果，但是仍然需要根据主要功能来划分空间。道路必须足够宽，好让独轮手推车得以通过，同时应铺设方便使用和维护的硬质铺装。垂直墙面也可以很好地利用起来。

▲ 花园中的家具会比你想象的更加占用空间，所以你应该尽可能地扩大铺面和功能区域的面积，以便使用家具。

铺装的花费

铺装往往比植物花费更多。虽然人们希望改建花园的费用不那么昂贵，但事实却是，建造花园的费用一般会和改建房屋的花销持平，甚至更多。材料的质量对价格的影响很大。板岩、砂岩、石灰石、玄武岩和花岗岩相对较贵，对比之下，碎石是最便宜的可用材料之一。有特殊涂层的渗透性混凝土是很昂贵的，相比而言，预制混凝土就便宜得多。可以使用砖结合条状的高质量砂岩或者板岩作为铺装材料，这样价格也比较合理。

植物的花费

成熟的大型植物价格昂贵，如果选择购买小型年幼的植株就可以降低成本。草坪是最便宜的种植材料，但是在小花园内并不经常适用，尤其是在有树荫的情况下。从种子开始成长的植物价格最低，但是需要投入很长时间，这会推迟花园建成的时间。

一个对野生动物友好的花园[1]，得益于可持续性或低维护的方法。这里有非人工修饰的天然植物和简单的碎石小路。

1 指最大可能地接近天然状态的花园。——译注

案例学习

一个屋顶花园的翻新

这个成熟的城市屋顶花园，是由法国设计师米歇尔·奥斯本（Michèle Osborne）设计建造的，它展现了建造一个典型的、成功的露天花园的基本方法。

通过将自己的心情和对氛围的感知融入其中，设计师对这里进行了富有想象力的改造。种植设计必须将固定的装置考虑在内，例如进出地点、围墙和栏杆。

像这样没有遮挡的场地是需要保护的，因为从屋顶高度刮过的风对大多数植物具有破坏性。篱笆和分开式竹子屏风有很好的遮挡效果。

把设计想法带回家

- 使用有限的材质选项（木材和钢材），营造出一种和谐的感觉。
- 重复使用种植组合来保持简单性，并强调植物肌理。
- 由竹林和树篱来提供遮蔽。
- 植物品种的选择需要考虑高温和干燥条件。
- 宽敞的空间既可享受娱乐又可放松。

新与旧

现有的设施，诸如实用的镀锌钢栏杆等都被保留了下来，并将其漆成了灰色，同时不同的涂层分别被用在了装饰种植、种植容器以及附属的艺术品上。材质的色调控制在了柔和的银灰色和做旧的木材色。虽然米歇尔引入了大量不同的形式和涂层，但是种植容器依旧体现出她对花园的整体把控。

在较低的一层

一座枝叶繁茂、让人感到格外惬意的庭院，是极富有吸引力的，人们可以在其中休憩、冥想。这个空间是通往上层屋顶花园的入口，也为卧室提供了可以观赏的景色。

◀ **在较低的屋顶露台上**，通过大量种植耐阴植物来“软化”周围环境，同时它们叶子上的纹理，为空间提供了多种图案。蕨类植物（ferns）在景观中占主导地位，其中菟葵（hellebores）呈现出一种季节性的趣味，并且为卧室提供了一个变化的背景。

一个拥抱阳光、芳香和天空的屋顶花园……

城市高处的生活

一个由薰衣草（lavender）组成的树篱（1）在就餐的木制平台两旁勃然而起。它的芳香和色彩，奠定了这个被阳光浸透的空间的基调。后面是另一个红豆杉（*Taxus*）树篱（yeu）（2），它为薰衣草提供了一个浓密、深色的背景，并庇护花园不受季风的侵袭。半透明的竹屏风（3）在这方面也提供了帮助。

更纤细的植物，如紫色的醉鱼草（*Buddleja*）（4），在透光的芦苇草的保护下才得以茂盛生长。整个花园的种植活动都是在花盆和种植池中进行的，从精致的锌立方种植池到老旧的镀锌桶，这些都为设计提供了更持久的构筑。球面盒和圆锥种植池（5）也是如此。灰色（6）的一致使用将硬质材料统一起来。

承重是屋顶花园的普遍问题。这里广泛使用了轻质木板（7），来减轻屋顶承重的压力。

◀ 这个花园的气氛是由各种各样、覆盖到每一寸表面的植物来决定的。平屋顶上的鹅卵石和瓦片为花盆中的各种多肉植物提供了一个家。

SMALL GARDEN DESIGN 设计

随着花园越来越小，富有想象力的设计也就变得更加重要。同一空间内要兼容不同的需求和用途。因此，必须在保证不造成大量阴影、封闭区域的前提下营造出花园的私密感，并且规划好储藏设施的位置。

在优秀的花园设计中，材质与布局可以融为一体。富有创造力的方法看起来棘手，但如果使用得当，大胆的色彩、肌理和不同寻常的材质都可以充分表达出自我风格。

倘若设计后的花园拓宽了你的生活空间，并且给你带来了关于自然、空间和光影上的体验，那么也算没有浪费你的这番心思。

15 种制造立竿见影效果的方法

1. 写一个简介

在你着手打理花园时，一定要预先准备一份考虑周详的简报。为了避免在今后浪费不必要的金钱和时间，尽量不要改变你的计划。设计的关键在于先构思，进而再实施你的想法。

2. 了解花园的尺寸

你要核实并画出标有花园尺寸的平面图。这能更清晰地表现出你的设计和你想要的元素是否都能适应这个空间。平面图的尺寸信息越准确，你的花园就会越成功。

3. 确定关键功能

确定你想在花园里做什么。有些人以休闲和放松为主要目的，这就需要休闲放松的区域，比如一个硬质铺装的露台；另一些人想将花园用于栽种植物，那么他们的花园里就需要路径、存储空间以及大量的植物。

4. 对空间进行大胆划分

在空间布局上要尽可能大胆地划分空间。广阔宽敞的铺装区域会使人心胸开阔。而在简单、大面积的种植区域，你可以植入高低不一、富有层次感的植物，它们可以起到遮挡视线和柔化边界的作用。

5. 不要吝啬规划园路

一般情况下，园路至少要 1.2 米（4 英尺）宽，允许两个人并肩通过。记住，在路的两侧，植物经常会交错垂下，这将减少路径的宽度。花园虽然面积小，但并不意味着设施所需的尺度也要缩小，事实上情况往往恰好相反。

6. 留出用餐空间

如果你希望露天用餐，那么就需要预计好使用露台的人数。假设四人餐桌的尺寸是 1 米 ×1 米（3 英尺 ×3 英尺），那么餐桌的每一边至少还需要留出 1 米（3 英尺）才有足够的空间供使用者落座和走动。这意味着露台的最小尺寸应该是 3 米 ×3 米（10 英尺 ×10 英尺），不过这就没有任何户外烹饪的空间了，所以 4 米 ×4 米（13 英尺 ×13 英尺）的场所会更加适宜和舒适。

7. 考虑所有存储需求

尽量将存储空间合理化，使它对花园的影响降到最小，根据使用频率把它放在适当的地方。厨余垃圾桶和其他可回收垃圾桶，最好放在靠近厨房门的地方，因为你会经常用到它们。工具存储和花园堆肥最好放在花园尽头或者把它遮挡起来。

8. 大型容器更好

栽培容器越大越好，这样可以最大化植物的生长和蓄水空间。容器内可以安装独立的蓄水装置来维持植物健康生长。

9. 保持简洁

植物会使花园层次变得丰富繁杂，所以布置和铺装可以相应地更加大胆和简洁。特别就布局和构图而言，你的设计更应该简洁。

10. 灵活的适应性

尽量确保你的花园设计有较好的适应性。嵌入式家具和烧烤架会限制空间的使用方式，特别是当你在不同时间有不同需求的时候。可移动的家具和储物单元可以解决这个问题。

11. 考虑光线的影响

浅色的铺装材料，如石灰石和砂石，会将光线反射到小花园中，这种设计在阴影中特别有用。它们也会显著增加室内的反射光。深色材料，例如板岩或玄武岩，会吸收光线并凸显树叶的颜色。

12. 大胆使用雕塑

要大胆使用装饰和雕塑，并且数量要多。适合摆放在室内的艺术品，如果将其用在室外，尤其是作为焦点的话，就会显得太小。一些更加微小、精细的元素放在座位旁或者用餐区域会更有价值，它们适合在近距离吸引目光。

13. 安装照明

天黑后可以在花园内使用环境光，而聚光灯则可以用来凸显特色景观或者花园焦点。在开始建造花园之前就要在设计中考虑到照明设施，这样才可以在建造过程中将电缆埋在地下。

14. 引入水景

在安全范围内，泳池要尽可能地大而深。因为小水池容易滋生藻类。喷泉或者涌泉可以引入空气，帮助降温和保持水体清新。在地下有蓄水箱的水景或小喷泉，也适合安置在有限的空间内。

15. 构筑物

花园构筑物，如廊架和凉亭，要有一定的规模，尤其是在它们还要支撑植物攀缘的情况下。构筑物的高度要保持在 2.1 米（7 英尺），以保证行人在下面通过时不会碰到攀缘的植物。

设计上的可能性

空间，或者说缺乏空间，基本上是小花园的主要局限和挑战。但这也会引发富有想象力的设计，例如聪明的储存方案、对花园灵活的使用以及巧妙的种植方式。地面上的每1平方米都非常珍贵，利用好墙面和屋顶同样能达到惊人的效果。无论是作为一个整体还是一系列单独空间的总和，小花园在城镇开发和绿化方面都发挥了重要的作用，保护了大量动植物物种的多样性，并为其提供了适宜的生存环境。

种植物上的可能性

虽然经常被笼罩在阴影中，但是小花园里还是可以植入迷人且精巧的植物。喜阴植物通常凭借自身别致的树叶纹理和淡雅皎洁的花朵来突出其观赏作用，可以同时引入有屏蔽作用的植物、凉亭和廊架，虽然看起来有些杂乱无章，但是能创造出更加温馨和私密的空间，是可以观赏的好景致。保护和遮蔽屋顶花园的种植物也有着独有的价值，因为它们改善了小气候，并扩大了在露天的场地种植植物的范围。

可以肯定的是，在较小的场所对细节的把控非常重要，因为人们可以在花园内近距离观察和探索到一切细节。在访问其他花园时，可以观察它们的材质与植物是如何成功结合的。

合并目标

设计过程依靠的是评估一系列的可选方案，以及比较每种方法的优缺点，而不是单纯根据风格和样式来决定最终的设计方案。你要尝试用实际的解决方案，把你的愿望与花园的功能需求结合起来，同时协调好你的个人风格和花园本身的风格。你的计划需要结合实际，要在花园有限的空间和个人可承担的预算中进行合理调整。

探索所有的可能性

经过尝试，你的第一个设计方案或许是成功的，但是这不能说明第一个方案就是最好的。多数设计师会创作出两到三种方案来比较每个方案的优点，有时还会将不同方案相结合，以便得出最佳方案。通过这种方法，你可以发挥创造力，并且努力去克服那些在刚开始时认为不可能解决的问题。

◀ **密植**（dense planting）会屏蔽掉边界，为花园营造出更大的空间感，尤其是种植的植物与周围景观中的树木相互呼应时。

为什么会产生不错的效果?

设计师会优先考虑空间，空间是一个核心，并有着灵活的功能。混凝土和板材的延伸提供了视觉趣味和一个平面。密集、高大、具有建筑感的种植物遮挡了边界。花朵的颜色在这个生动和谐的设计中呼应了木材和躺椅的色调。

微调平面

一个有成年大树的花园，你的设计方案可能是决定保留大树，但至少还应该参考一下其他的方案，考虑如果移除大树的话会怎么样。增加花园的光照和空间，或者改变花园高度得到的优势，可能无法弥补损失空间、减少花园特色以及缩小动植物栖息地带来的损失。在你磨刀动工之前，这样在纸面上反复考量总是值得的。作为回报，你将会得到花园设计的最佳方案。

做决定的时刻

如果原本被考虑在设计方案内的大树却在随后死亡，令之前的设计付诸东流，这着实让人感到沮丧。所以在做出最终设计之前，往往要寻求专业建议来确保树木是否健康、值得保留。

对于不值得保留的设施和植物，要接受现实，学会适当放弃。同时也要享受不时发现花园里隐藏的秘密空间或者新的景致的乐趣。

▲ 半开放式的边界，如栅栏或密集、竖直排列的篱笆，能够减少阴影对花园的影响，同时还能保有一定程度的私密感。

设计原则

和较大的空间相比，“设计”在小花园中的运用更加重要。本页的每个原则都将帮助你从全新的角度“看到”你的花园。尤为重要的是，它们能够让你的设计思路更加简单和清晰。

在开始使用这些原则之前，不妨问一个简单的问题——对你来说最重要的是什么？当幻想一个完整的花园时，你在脑海里看到了什么，你如何才能以最好的方式呈现它？

寻找主要的想法

尝试把你的想法压缩到三个关键词内。如果你觉得把主要想法概念化比较困难，那么关键词可能会对你有帮助。比如你的主要想法可能表达为“秘密的世外桃源”，寓示归隐、离群索居和独自探索等元素，能传达出相似目的的关键词可能就是“安静”“避风港”和“私密”。

翻译这些想法

这个概念预示着可能需要种植植物来柔化边界并且起到屏蔽、隔离的作用。当你想到斑驳的树影和可以触摸的温暖木材时，脑海里可能出现的是水的反光或者潺潺流淌的样子，这时建议使用颜色较暗材料而非明亮有反光效果的材质。花朵的颜色可能是柔和的蓝紫色系或者白色系，用以点缀在枝叶的绿色纹理之间。

显然，这种思路始于一个抽象的概念，然后进一步框定和描绘这种氛围，最终将想法落实到材料或者简单的花园布局上来。这种方法符合设计原则，并且可以帮助你发展设计思路，最终整合成最佳的解决方案。

▶ **枫树**（*Acer*）、**竹子和绣球属**（*Hydrangea*）在这座小花园的尽头构成了一处安静思考的空间，并以丰富多样的材质柔化了四周的边界围墙。

软树蕨类植物（*Dicksonia antarctica*）与锦熟黄杨（*Buxus sempervirens*）、箱根草（*Hakonechloa Macra*）一起构成非常简单的种植搭配，为这个封闭的城市花园提供了私密感和轻浅的阴影。

大胆种植较高的灌木和成熟的树木，使其与风格粗犷、用来放松的砖铺露台形成鲜明的对比。

使用构图和几何图形

所有的花园都有某种组织形式的构图。有些构图非常清晰，有些构图则比较模糊。你需要把植物元素从定义形状、露台尺寸、园路、种植区域、储存设施及水景的几何构图中分离出去，才能了解布局。

二维几何图形可以归纳为：正方形和矩形；圆形和曲线形状，例如椭圆形；三角形或多边形。每种形状都有自己的语言，并且影响你使用的材料，以及在花园中的心情。因此几何形状是个基本的设计原则。当设计花园中所有的布局时，规模和比例也是重要的考虑因素。尽可能把空间规划得宽敞些，而不是局限于你需要的最小尺寸。检查适合每个形状的实际尺寸，才能成功确定花园比例。

▲ 砖和碎石的铺装很容易结合成直线设计，强调了台阶和挡土墙之间的关系，同时苔藓也起到了柔化边缘的作用。

正方形和矩形

在所有几何形状中，正方形和矩形是最容易结合在一起的。大多数铺装材料都是正方形或矩形，这就意味着它们很容易遵循直线构图，能最大限度地减少切割、造型和浪费，从而降低成本。正方形的形状是对称的，它有着正式、平等和平衡的特质，能提供一定的均衡感。

矩形和正方形有很多相同特征，它还为花园引入了动态感，这是由于矩形的一条边较长，而我们的眼睛往往倾向于追随较长的尺寸。拥有长边的矩形更加强调了这种动态特性，因而通常用于园路、小溪或框景中。

圆形和曲线形状

圆形赋予了花园完全不同的属性，这是因为它们没有任何拐角来分散注意力。它们提供了以自我为中心的均衡感。换句话说，我们倾向于看到圆形的中心。因此，它们最适合被用于安静的休息区。遗憾的是，由于圆形不能很好地兼容，它们会留下奇怪的边角形状，这些边角空间无法整齐地组合在一起，用来种植又过于狭窄。通过相邻圆形的重叠可以避免这样的视觉张力点和锐角，从而使交点更接近直角。对于大多数人，圆形是柔和流畅的，但是锐角的出现会引起视觉上的不适。

一块圆形的铺装区域，一般是由正方形或矩形的单块铺砖填满整个圆形，而边缘的铺砖被弧线切割来构成圆形。也可以用单块铺砖以同心圆模式排列，铺砖尺寸围绕着中心逐渐缩小，纹理变得紧密。这两种模式都需要相当长的时间制作，因此，如果雇用承包商来铺设，成本会更高。

使用椭圆形来创造焦点或方向感也是可行的。这些形状保持了它们较柔和的特点，但是椭圆的长轴创造了一种更具有活力的运动感。

至于路径或者草坪上的弯道，就要确保其具有流畅平滑的效果。确定一个半径，以此来规划你的曲线，并确保路径边缘平滑连接。使用圆规在平面上绘制曲线，这样可以锁定并测量出圆心和半径，便于把图形复制到实际的场地上。

三角形或多边形

多边形是花园中最复杂的几何元素。它们具有强烈的方向感，而且它们无休止的动态感可以分散人们的注意力，不过有时过于复杂的设计会让大脑感到疲劳。

多边形铺装的交会处适合复杂的图形，有时可以将边角料运用其中。可以用松散的碎石铺装或者浇筑混凝土来实现更加复杂的形状，因为混凝土在液态时可以被做成任何形状。

创造和谐

保持整个花园单一的几何特征往往是不错的选择，因为这简化了设计。以矩形铺装板为例，在矩形的露台和道路中，铺上矩形铺砖，并使其同样组成矩形的花纹构图，会形成一种令人满意的统一感和一致性。

曲线和圆形元素可以结合起来，形成更有动感的效果。你的设计要大胆、清晰，因为植物将会柔化铺装的边缘。

当圆形组合在一起时，可能会出现奇怪的夹角，夹角越接近直角，就越便于对其进行柔化处理和种植。

◀ 夹角是最富动感和活力的元素，它们创造了一种视觉张力，既在视觉上起到了主导作用，又不至于太过刻板。

▲ 碎石和随意散布的植物柔化了几何图案的构图和铺装花纹，使空间整体上看起来更加均衡、生动。

制造冲突

当你在规划花园时，你可能想要结合某些形状和材质来形成视觉对比，制造视觉冲突。与矩形小径或草坪重叠的圆形木平台或露台，将会制造出引人注目的动态感。一旦引入植物，也会增加视觉上的复杂性，所以不要过度地使用几何形状。

积极与消极

圆形草坪可以看作是积极的形状，但是怎样才能让它和正方形或矩形等常见的花园场地形状相适应呢？剩余的空间并非设计出来的积极形状，而是圆形在草坪上留下的消极空间。换句话说，它们不是你首先想要设计的，因为它们很难种植和维护，有些地方更是狭窄和尖锐的。这种消极空间可能足以颠覆花园的视觉平衡。

当你绘制花园的平面图时，为主要形状着色是有帮助的，这样你可以在花园动工之前区分并平衡积极元素与消极元素。

视觉技巧

如果你想在一个5米（16英尺）宽的花园内添加一个圆形的草坪，那么草坪的最大半径就是5米（16英尺）。这样的草坪区域会接触到各个方向的每个边界，导致花园内没有剩余的种植空间。并且，边角的狭窄尖锐空间也不适合种植。若想种植，就需要沿着场地每条边长，都余出一个1米宽（3英尺）的边界，那么剩下的圆形草坪就只有3米宽（10英尺）了，这比最初的设想要小得多。

因此，不妨使用一种可以造成视觉欺骗的几何减法技巧。哪怕一个几何图形并不完整，人们依然可以识别该图形。例如，在某处角落已经用来种植的正方形露台，依旧可以辨认出这是正方形。可以把圆形草坪的圆心从花园中轴线偏移一点，这样一来小花园就有足够空间来兼容部分圆形草坪和环绕草坪的种植边界了。

现成的解决方案

一些铺装制造商生产了现成的同心圆铺装，它们可以整齐地镶嵌在一起，是小花园理想的铺装材质。或者使用较小的单块铺装，比如小料石（setts）和马赛克卵石（pebble mosaic）。砾石适用于任何形状和构图，但是需要保持好边界形状。

这种砖砌挡土墙及其圆弧，标志着花园内部的水平高差的变化，而矩形的铺装图案则增强了整体设计的简洁性和连贯性。

使用空间、体量和高度

几何图形提供的构图框架，只是花园设计的原则之一，用来控制花园布局和平面尺寸。因为花园是三维空间，还需要在高度和体量方面进行拓展。

空间和体量

有些花园空间太小，最好作为单一空间来使用——在这种情况下，它的“三维元素”就是边界、植物以及可能需要添加的存储设施和容器。在这里主要的顾虑是添加的三维元素会占据珍贵的空间，若是不小心处理，就会感觉空间被极大地缩减了，甚至会让人感到幽闭恐惧。这有点像装修房间：在房子空旷时会感觉很大，一旦装进了家具又会觉得局促。

为了最大限度地减少这种心理影响，就要在空荡的边界引入狭长的工具储藏柜，而不是使用更大的工棚。这是由于，两个较大的种植容器比起一系列凌乱的小盆，会对花园产生更大的影响；而且，选择使用折叠或可移动的桌子可以节省空间，当不使用时，这些桌子可以被折叠以缩小尺寸。

稍微大一点的场地可能会受益于空间的划分——也许是一个就餐区和一个种植区或生产区，就足以增强景深效果，增加趣味性。它们可以通过人工屏障隔开，例如墙、栅栏或花架，这只占用了很少的地上空间。纹理和表面锈迹也可以作为屏障的亮点。

理解“高度”

把植物作为建筑体块，而不是纯粹的装饰元素，这在空间上是很重要的。因此，在决定将哪些植物种植在你的新花园里时，往往需要先调查一下你感兴趣的物种在成熟

欧洲鹅耳枥（*Carpinus betulus*）在这里提供了额外的高度和植物体量。将它们种植到草坪上，边界的颜色就变得显而易见，并且私密感得到了提高。

▲ **用于回收和工具储存的橱柜**是小花园库房的必要替代物，它们还为易于种植的植物提供了额外的种植表面。

▶ 粗壮、有纹理的圆柱形雕塑增加了这里的高度，并赋予了竖直方向上的趣味，而茂密的种植物和丛生的树木与之构成了平衡。

时期的高度和宽度，并提前为其高度的变化做好打算。

把植物与你自己的身高和视平线关联起来。例如，树木带来了头顶的一抹绿荫，提供了私密空间和阴影，同时也使其下面的空间可以被利用；地被植物或齐膝深的植物，其上层留有观赏空间，显著地增加了你的花园的大小或景深。

灌木、宿根植物和草本植物可以形成一个松散或透光的屏障，隐约但不完全彰显后面的景色。这可以减少花园内的阴影，尽管较高的灌木通常比草本和宿根植物占据更多的空间。

通过屏障增加高度

树篱会比墙、栅栏或花架占据更多的空间和体量，这对一个小花园来讲有着重要意义。一个典型的树篱大约 1 米（3 英尺）宽，而围墙平均 23 厘米（9 英寸）宽，一个由柱子支撑的花架则通常不超过 10 厘米（4 英寸）宽。

1.8～2.1 米（6～7 英尺）高度的屏障可以有效地保护一处空间，因为那些低于视平线的屏障不仅不足以建立足够的视觉隔离，反而使人对花园的深处更加好奇。

▶ **树篱能够吸收声音**，因此非常适合作为安静座椅区的背景——就像图中的红豆杉（*Taxus baccata*）。它们在界定空间的同时也遮挡和限制了视线范围。

稀疏编织的围栏是有效的空间分隔屏障。在这里，它们界定了一个隐蔽而私密的庭院空间，其中种植着纤细的、充满异国情调的杂交木曼陀罗（*Brugmansia* x *candida*‘Grand Marnier’）。

隐藏你的边界

你的花园中会有某种形式的边界，但它们的类型、高度和质量各有不同。在年代较久的花园中，可能是有特色的砖墙或石墙；而在新建造的房屋中，则可能是低矮的、轻质的栅栏板（见第108—109页）。

如何隐藏边界

为了方便，你或许会决定保留现有的边界作为新设计的组成部分，不过你仍然可以用植物进行掩饰，使其看起来有所不同。攀缘植物、墙面灌木、较高的草本植物以及竹子都可以成功地遮挡边界交会处杂乱的材质组合，甚至可以掩盖边界本身的位置和形式。通过这种方式可以模糊花园的实际大小和范围，在视觉上造成假象。

攀缘植物在成熟时所占的空间最小，能够允许光影打破边界，而灌木、较高的宿根植物或草本植物的体积较大，从而对空间的影响更大。攀缘植物为这样的种植设计提供了恰到好处的背景。

边界的美化

1. 榛木或柳树枝条可以编织成简单的栅栏——对于郊野地区或公共花园中的私人空间来说，都是理想的选择。

2. 树篱，例如黄杨，很适合充当种植区的边界，以及掩饰你可能无法拆除的墙壁或篱笆。

3. 镂空的格栏和栅栏板与爬藤植物相得益彰。如有必要，钢制羊眼螺丝钉也可用作支撑物。

4. 缺口和窗户可以建在墙上以欣赏特殊的景观。如图，一张长凳，配合着窗口的细节，在这面墙上相映成一幅风景。

5. 爬藤植物可以柔化边界的外观，并增加视觉趣味。图中波士顿常春藤（*Parthenocissus tricuspidata*）那红色的秋叶与排列紧凑的银色栅栏形成了鲜明对比。

将植物引入主要的花园空间，也许可以作为草坪的替代物。宽度约 1.5 米（5 英尺）的边界可以支持层次丰富、高度各异的种植组合。

标示你的边界

一个小花园的中央通常有一个功能区，而种植区则散布在其外围边缘作为边界。这些边界太狭窄，无法作为可欣赏的景致或支持植物健康生长。植物也很难在这样的边界或墙根下生长，因为墙和地基会吸收土壤中的水分，使得这里的植物遭受干旱。此外，较高的墙壁下还会形成一个背风场所，受到雨影效果的影响，被风吹来的雨水很少落在这里。

基于这些原因，植物需要种植在离墙壁至少 45 厘米（18 英寸）远的地方，所以，所有种植区的边缘与边界的距离必须大于这个数值。

最大化植物的影响

边界的设计应考虑到植物的生长。例如，一棵小灌木的冠幅可能最终会长到 1 米（3 英尺），所以，如果一个 1 米（3 英尺）宽的边界已经容纳了一个灌木丛，那么这里几乎就没有空间再容纳其他任何东西了。因此，有关视觉趣味或者屏障的设计会受到限制。较小的宿根植物可能更适合于边界种植，但它们的尺寸会减弱其对花园的影响。

1.5 米（5 英尺）宽或更宽的边界，可以允许植物在高度、宽度及其坐落位置等方面展示多种层次。将灌木、宿根植物和草本植物并排种植，或者也可以只选用高低不一、形式多样的宿根植物，看上去可能会更加引人入胜。

因此，不同的花园布局证明，通过采用大量的单一植物充当边界来平衡非种植区域，其效果将比沿着边界散落的众多较小的种植区域更好。

理解“虚”与“实”

花园中的三维平衡感，概括起来就是实体（实）与空间（虚）的完美结合。实体是指种植物，像仓库或避暑凉亭这样的建筑也属于“实体”。不过，植物即便是作为一个三维的实体，对花园也是有柔化作用的。

寻找最佳平衡

一个完全空旷的花园是100%的留白，而一个完全被丛林、杂草覆盖的花园则是100%的实体。无论是哪种极端情况都不会完全让人觉得舒适，也不适合我们的需求。理想的情况是，25%～50%的实体搭配50%～75%的留白，这样既留有可用空间，又兼具视觉吸引力。由于草坪是可用的开放空间，所以在此项评估中，草坪算作留白的元素。在规划自己的花园之前，可以先尝试用这种方法来判断其他的花园是否成功。

▲ **效果图**——约10%的实体和90%的留白。

▲ **效果图**——约40%的实体和60%的留白。

自己设计

视觉技巧

- 即使在狭小的空间里，也可以用技巧营造视觉假象，呈现出人工夸大的效果。
- 从透视的角度看，物体距离越远显得越小。可以对远端的道路或草坪做缩小化处理，以造成一种距离感的假象。
- 沿着小径或草坪排列的同种类型、大小递减的园景树[1]，可以通过逐渐缩小它们之间的距离来营造一种距离感。
- 在花园的后面种植小叶植物，在离房屋更近的地方种植大叶植物，以此来改善视觉效果。
- 设计的所有视觉技巧只有在固定位置观赏才能达到效果（见第42—43页）。

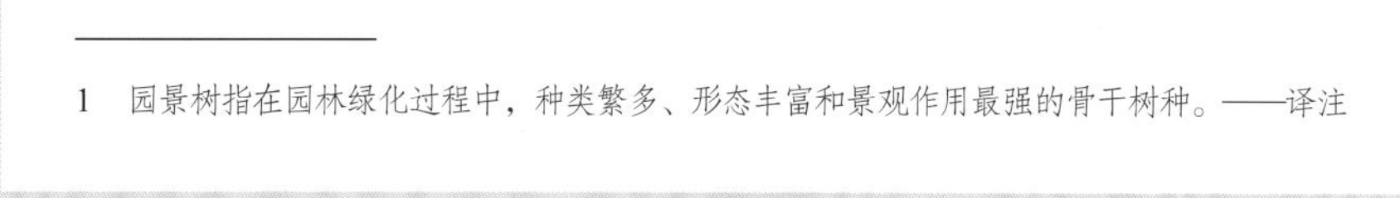

1 园景树指在园林绿化过程中，种类繁多、形态丰富和景观作用最强的骨干树种。——译注

在这座花园中，开阔的草坪在设计上占了相当高比例的留白，与其相调和的是广阔的景深和混合种植。

高比例的实体最大可能地扩大了边界，使得一系列大小各异的植物可以凸显其丰富的层次感和多样的纹理。

通过设计节省空间

需要注意的是，设计是一个解决问题的过程，需要将功能和外观同你的目标结合起来。对于小型花园来说，主要考虑的是如何使其有限的空间与你雄心勃勃的期望相匹配。

▲ 在小型家庭花园的多功能区设计一个露天平台，可以在下面储藏各种物品或儿童玩具。

处理愿望清单

许多人都为他们理想中的花园列了一份愿望清单，但却对清单上的每项要求将占据的空间缺乏考虑。例如，他们的愿望清单上可能会出现就餐区、玩耍区、放松区、存储区、堆肥区以及菜园。

对于一个如此长的需求清单，人们的第一反应可能是把花园分配给所有需求——将所有的东西并排安置在狭小的空间里。然而，这样的设计通常会使得花园过分拥挤，并且缩小了每个功能的空间，从而增加了它们的复杂性和使用难度。例如，道路会变得过于狭窄而无法使用（最小宽度应为 1.2 米 /4 英尺）；或者对于特定的露台来说，里面摆放的家具过大（花园中桌子的每一侧都需要留有至少 1 米 /3 英尺以供椅子和过道使用）。这样不但使空间变得局促，种植面积也会因此受到影响而不得不缩减。

自己设计

兼具美感与功能的树池座椅

- 树池座椅为花园提供了一个绝佳的视觉焦点，并且可以赋予一棵老树新的风貌。
- 这样的树池座椅最好建造在成熟的园景树周围，因为树干将为座椅提供合适的尺度和更好的背景。
- 需要确保座位和树干之间留有空隙，以便允许树干随着年龄的增长而变粗；此外，树池座椅应该是独立的，不应该附着在树干上。
- 注意固定装置和永久型座椅的地基部分不要干扰到现有的树根。一些树种的根系离地表非常近，很容易遭到破坏。

▲ 这些轻便、独立的座凳是理想的可移动座椅。在不使用时，它们可以作为装饰，并且为花园添加亮眼的色彩。

一箭双雕

你可以考虑赋予花园中每一个元素多重功能。座位可以加上存储的功能，桌子可以采用折叠式或滑动式的，使空间更灵活。除此之外，沙坑也可以隐藏在木平台下方（如左图所示）。可移动的花盆可以依据季节变化在花园内重新摆放，这种变动会使整个花园发生翻天覆地的变化。

垂直区域

最大限度地利用垂直和水平的空间进行储存，可以在无形中增加小花园的有限空间。

垂直种植进一步增强了这一概念，将传统花坛从珍贵的、可做他用的水平表面移除，简化了小花园的设计。这种种植方式使空间呈现出更丰富的多样性，并且比普通的、受局限的种植方式绿化程度更高，因为后者的种植空间还要兼顾其他功能。

在垂直种植系统中，植物被容纳在容易干燥的小隔间里。因此，这样的系统需要一个能使植物保持湿润和健康生长的灌溉系统。可以根据光照和阴影位置来选择植物。这些垂直系统也可用于水果、蔬菜和香草的种植。

最优空间分配

相比树篱，围墙会占用较小的空间，而篱笆或廊架所占的空间更少。如果你希望花园呈现出一种更柔和的特征，可以用攀缘植物来“绿化”位于其下方的硬质元素。

树木所需的地面空间很小，相较之下，它们透光的树冠则承载了大量的树叶，这为花园使用者提供了私密感，也为鸟类提供了筑巢以及避风挡雨的场所；同时，树木的枝叶也增加了戏剧性的视觉效果——缓解了空间不足的困境。

在古老的编织艺术中，树篱被架设在光洁的枝干上，使树篱下面多出了额外的种植空间。

绿化屋顶

屋顶绿化系统（green roof systems）如今越来越流行，为原本贫瘠无用的空间既提供了种植机会，也发掘了视觉趣味（见第 134 页）。例如，储藏柜的顶部可以通过种植简单的香草或沙拉作物来优化可用的表面（见第 32 页）。要有创造性地利用这些空间。

增加设计技巧和乐趣

有趣的技巧有时可以给眼睛和大脑造成假象，把小空间放大成一个更大的花园。这种欺骗的艺术在于对细节的把握。

障眼法（Trompe l' oeil）

障眼法是指通过在光滑的表面进行绘画而使人产生错觉的欺骗手段，通常情况下，视角、虚构的窗口、台阶和路径都会造成空间延伸的错觉。结合可以柔化或隐藏绘画墙壁边缘的种植物，能够产生非常不错的效果。理想的情况下，这种视觉效果应该可以从一个特定的地点进行观赏，如果你在花园内走动的话，这种透视效果会发生扭曲。

反射表面

在一个小的城市花园中，镜子或镜面经常被用来扩大视觉空间的范围。如果能够巧妙运用，这种效果确实会让人眼前一亮。不幸的是，鸟类也会被这种假象吸引，它们会在大范围铺设的镜子上伤害自己。通过在镜子前放置透光的植物，例如观赏草（ornamental grasses），可以减少对鸟类的危害。

在你的边界墙顶部到地面之间的位置安装镜子能获得最好的效果，因为镜子反射地面，造成了将空间延续下去的假象。需要始终保持镜面的清洁以维持这种效果，并且镜子的边框不能太明显。最好在其周边种植植物以柔化镜子的边缘。

有机玻璃、不锈钢和一些陶瓷表面虽然不是镜子，但它们可以反光，由此产生的光线效果可以提升人们的情绪，并且会随着日照角度的变化而变化。

利用透视角度

尝试使用透视原则可以增强景深感，特别是在狭长的花园里。例如与路径平行的直线，当你顺着它们的方向看时，这些直线似乎会在远方汇聚成一点（灭点）。通过铺设一条近宽远窄的路径，你的视角会被夸大，你的视线空间也会得到延长。在种植方面也可以继续使用这个技巧——在近处选用更高、叶片更大的植株，而在道路的尽头选用更小、叶片纹理更精致的植株。然而，就像“障眼法”一样，这个技巧只能从一个特定的有利地点观赏，当你在花园内走动时，角度可能会扭曲，画面就会略显奇怪。

◀ 镜子能够通过视觉技巧呈现出宏大壮丽的效果，但对鸟类来说却是危险的。将镜子与植物相结合可以减小这种危险。

▲ 图中，石板墙上的抛光不锈钢板反射出持续变化的光线，但是一层为保护鸟类而设计的小瀑布打破了原有的动态表面。

自己动手设计

充满惊喜的小路

- 设计一条曲折的路径或一系列交错的铺装区域，以此来创造出一条蜿蜒的路线或一系列的拐角和方向上的变化。这样使用者就能够观赏到丰富多样的景色。
- 将树篱种植在道路两边。树篱要足够高以阻挡视线，同时可以配合种植一些较高的灌木和宿根植物，以达到更加柔和、自然的效果。如果空间有限的话，也可以采用廊架种植攀缘植物。
- 当你沿着道路行走时，可以利用精心布置的装饰或雕塑来分散注意力。特别是当路径转变方向时，这个策略尤其有效。

在花园中运用色彩

当你构思种植方案时，一定要记住，虽然色彩丰富、艳丽的花朵总是诱人的，但是和树叶相比，花的颜色转瞬即逝，极为短暂。因此，在构思方案时，应考虑到植物叶和茎的颜色变化。

色彩的叠加

颜色运用得是否成功，更多取决于不同颜色之间的搭配方式，而不是单独讨论某一种颜色好看与否。例如，如果你想要使用红色，那么就同样选择红色系的颜色与之搭配，红色与红紫色、紫红色配在一起，会给人一种热烈的感觉，而多种色调将会使种植物更富有层次感。

强烈的色彩对比会让种植物显得越发生动活泼，但也容易使眼睛和大脑感到疲劳。因此，在一个小空间内，减少（但不是完全消除）其中的色彩对比，可能令人感到更放松。原色之间——红色、蓝色和黄色，以及原色和间色（也称为互补色）之间的对比是最强烈的。红色是绿色的补充色，蓝色是橘色的补充色，黄色是紫色的补充色。

色彩的感知

思考一下你将如何看待这些颜色。例如，与白色背景相比，红色在黑色背景下会显得更突出、更明显；而黄色则相反，在白色背景的衬托下，黄色反而更亮眼。

使用大面积的单一植物来加强和强调这种效果，使花色能够与背景和边界的大块涂色或材料颜色相互制衡。以这种方式聚集的大块颜色，总是比零星的颜色斑点效果更佳。

色彩与光线

色彩的效果依赖于光的作用。观察阳光在你的花园中是如何变化的，然后相应地规划颜色。

阴影区域中的花色选择尤其有限，不过白色的花和绿色的叶子在阴影下往往相得益彰，仿佛其本身会发光一样。

色彩的强调

较深的铺装颜色，如板岩、工程砖、玄武岩或深色混凝土，能够

▼ 在密集的干砌石墙[1]的衬托下，**鲜艳的橙色宿根植物**显得有些暗淡，而绿色的叶子在黑色的背景下反而显得格外突出。

1 干砌石墙是指不使用胶结材料，只依靠石块自身重量及石块接触面间的摩擦力，在外力作用下保持稳定的块石墙体。通常应用于挡墙、护坡、堤面等工程。——译注

▶ **一丛缤纷的树叶**也可以像一大束花一样令人眼花缭乱。图中，棕褐色的美人蕉叶、萱草（hemerocallis spears）和琵琶树的革质叶片[1]正在争奇斗艳。

突出绿色的叶子，因为它们吸收了更多的光线。在潮湿时，这些材料的颜色会变深，从而改变花园里的氛围。有时候湿漉漉的铺装表面在反光的同时还能反射周围的颜色，与它相邻的颜色会因此变得更鲜艳。

浅色材质，如石灰石和浅色砂岩，能反射更多的光，从而营造出更活跃的气氛。不过相应地，它们有时也会削弱相邻颜色之间的影响。因此，要在浅色的铺装两侧种植颜色更鲜艳的花。

如果你的种植方案是以观赏叶为主，而不是花朵，那么你可以借用强烈的人工色彩来衬托它们，如鲜艳的橙棕色耐候钢[2]，色彩艳丽的陶器、涂层钢、油漆和纺织品。如果想凸显花色，那么就要确保它能与周围厚重的块状颜色取得平衡。

给围墙和栅栏上色

给花园的围墙和栅栏上色须三思而后行，因为这是一项需要持久维护的工作。木材是最容易褪色的材料，因为涂料会被木材吸收进去而不仅仅是停留在表面。

▲ 柳叶马鞭草（*Verbena bonariensis*）细小的宝石状花朵在空中摇曳生姿，突出了心叶紫菀“小卡洛”（*Aster* ‘Little Carlow’）那浓密的紫色底色。

▲ 在秋日的阳光下，无芒发草（*Deschampsia cespitosa* ‘Goldschleier’）是“金色的”，它干燥的穗子弥漫着点点碎金，正呼应了褐色的生锈风化钢挡土墙。

1 革质叶片即质地坚韧且较厚的叶片。——译注

2 耐候钢是一类合金钢，在室外暴露几年后能在表面形成一层相对比较致密的锈层，因而不需要涂油漆保护。——译注

在花园中使用纹理

植物的纹理在形状和质地上各不相同，例如叶子的个体特征既可以是松散的羽状，又可以呈现出硬质形态；叶子表面既可以呈现出叶脉，又可以是光滑的。枝干的表面也有纹理，诸如剥落或裂开的树皮，光滑或有纹理的树枝。此外，可以将叶子组合成特定的形状，从而增强它们整体的纹理效果。通过利用植物各自不同的特征，你可以设计自己的种植方案，就像搭配颜色一样，来设计纹理的组合方式（见第 44 页）。

利用多种多样的纹理

花园中纹理的对比总是能引起视觉兴奋并带来愉悦感，但在花园的构图中，纹理却经常被忽视。或许是颜色过于鲜艳，人们常常不敢使用大叶植物。但是如果花园内的植物纹理太过相似，展现出来的效果就会过于平淡。

当同种植物大量、成片地出现时，植物的纹理就会更加明显。一丛纤细的墨西哥羽毛草（*Stipa tenuissima*）在低矮的、有光泽的岩白菜叶片（bergenia）中亭亭玉立，比这两种植物单独种植的效果更加成功。

同时也要考虑到，竖直向上的植物与匍匐蔓延的植物会形成鲜明的对比，例如鸢尾花与黄杨木。可以参观其他花园，来参考成功的纹理搭配方式，并且记录分析每种纹理的使用比例。

叶片的纹理

树篱通常被视作有纹理的植物背景，它通常是具有密集分支的小叶、针叶或鳞片状树叶的植物物种，这类植物具有良好的适应性，可以进行常规的修剪。这也是许多人选择针叶树作为树篱的原因之一。例如红豆杉构成的深绿色树篱纹理就较为细腻，而黄杨木或葡萄牙月桂树（*Prunus lusitanica*）构成的树篱虽然浓密，但是纹理较为粗犷，这是因为它们叶子的纹理比红豆杉叶子的纹理要粗大。

落叶树种通常被称为阔叶树，因为它们的叶子比针叶树和多数常绿植物的叶子尺寸大。欧洲鹅耳枥或山毛榉（*Fagus*）的叶脉平行突起，叶片富有光泽，从而使纹理更加明显。入冬时节，这两种树的叶片都会变成古铜色，并且维持整个冬天。

常绿攀缘植物，如铁线莲、络石（*Trachelospermum jasminoides*）或常春藤（*Hedera*），它们深色的叶子光滑且富有光泽，其丰富的纹理足以媲美树篱，且四季不落，可以作为背景；而落叶攀缘植物的颜色则随着四季变化而变化，就如同它们的叶型纹理一样丰富多样。

对纹理进行设计

在对纹理进行设计时，需要考虑所选植物的整体形状——有的植物高耸直立，有的植物低矮匍匐，还有的呈现拱形。将这些形状或物种分门别类，使相同或相似的纹理成为设计中的一个模块。比起一系列不同的纹理随机排列，这种归纳分组的构图方式更具统一性。

◀ 大量种植的墨西哥羽毛草（*Stipa tenuissima*）以其纤细的、羽毛般透明的纹理与坚硬的石球雕塑形成互补，在这种简单的种植组合中相得益彰。

▲ 在容器中种植植物，可以强化纹理的趣味性。水生植物的叶片也可以提供丰富多样的变化。

可以使用观赏草来提高透光效果，为你的植物群落带来光线和动感。这些物种的纹理适合累层叠加，从而在种植设计中增加景深。随着太阳的移动，穿过植物的光线会展现出不同的纹理组合，增强光影效果。

观察你想要添加在设计中的植物，比较它们之间的相似性和不同点。两个完全不同的物种也可能具有形状相似的叶子，只不过一个或许是深色的、有光泽的质地，另一个则是浅色的、柔软或者亚光的质地。这种植物组合具有相似之处，但同时也提供了一种对比效果。

思考如何用植物的茎和树枝组成图案以及制造层叠效果，以便在纹理方面创造出趣味，尤其在树叶落光的冬季，这种设计优势会体现得更加明显。

材质的纹理

铺装和建筑材料的表面本身就具有纹理；另外，巧妙地设计铺设方式也会使其衍生出不同的纹理。光影效果可以凸显墙壁和铺装中连接处的缝隙，对墙体和铺装具有重要影响。多数的极简风设计方案会选用表面光滑的材料，并尽量使接缝处最小化，同时利用相同颜色的砂浆将缝隙抹平。

当然，不只是白天的阳光可以强调纹理，天黑以后，人工光线也可以达到同样的效果，从而改变光照区域的氛围。为了引起人们对纹理和图案的注意，可以沿着墙壁的底部放置射灯；与此同时，低处的灯光还可以照亮露台和小径。

要确保圆形景观的面积尽可能地大，并且边缘清晰，这样连接处就不会显得那么尖锐了。即使你花园中的景观区域并不是一个完整的圆形，人们也同样能辨别出它的形状。

如何应用原则

小花园的形状、大小各不相同，所以必须对常规的设计原则进行改变来适应这些不同的挑战，比如处于不同高度的花园。

屋顶花园

建筑屋顶花园是一项特殊的挑战，因为屋顶花园的布局是由它们所处的建筑物的支撑结构决定的。重量负荷是一项重要的考虑因素，尤其是当你考虑把一个现有的平屋顶改造成屋顶花园的时候，你必须咨询结构工程师，讨论你的设计方案是否合理。实际上，阳台就是一个小型的屋顶花园，所以在设计阳台时，需要考量的因素往往和屋顶花园差不多。

屋顶花园的土壤和铺装

土壤是一种很沉重的材料，在潮湿时，它的重量还会大幅度增加。草坪需要15～20厘米（6～8英寸）厚度的土壤；较小的灌木、观赏草和宿根植物需要30～45厘米（12～18英寸）厚度的土壤；较大的灌木需要50～100厘米（1.5～3英尺）厚度的土壤；而树木则需要1～1.5米（3～5英尺）厚度的土壤。无土盆栽的肥料重量比土壤肥料要轻，即便如此，在种植屋顶花园时，还是需要评估所有的重量因素。

在一些现代建筑设计中，屋顶平面以下有沉降空间来容纳植物，所以这类种植区域可以和铺装的高度保持平齐。但在多数情况下，种植物要么是在屋顶的嵌入式容器里，要么是在屋顶表面的可移动花盆中。较大的容器可以用轻质的非土壤物质来填充部分空间，以减轻重量负荷，尽管这样会减少土壤的厚度。

可以使用垫片来稍微提升铺装的高度，使其高于屋顶的水平面。这样不仅可以避免使用会导致承重增加的砂浆和实心铺装路基，更重要的是，能够保证屋顶铺装下面的空间排水顺畅；相应地，屋顶的防水性也得到了保障。

▼ 即使是最小的屋顶空间和阳台，也可以改造成兼具实用性和娱乐性的珍贵绿洲。

▶ 在大多数屋顶花园中，植物必须在无土肥料中种植，并且应根据重量负荷小心排布。

◀ 精心装点的植物给入口带来了很大的提升。如果是盆栽植物的话，还可以每个季节根据不同的心情来更换。

屋顶花园的保护

半敞开式的屏风，例如廊架或板条栅栏，可以起到防风作用，从而降低风速，减少对植物和花园使用者的影响。栏杆的安全性也非常重要，至少要高出花园铺装平面1.1米（3.5英尺）。

下沉式花园

下沉式空间是最容易被忽视的城市空间之一，隐秘性和阴影是其主要挑战。浅色的墙壁和铺装材料可以将更多的光线反射到花园中，而较深的颜色则可以在视觉上扩大花园的空间。在深色背景的衬托下，植物往往更具观赏性。

红色系颜色会使人明显感到温暖，但同时也会使空间显得更狭小；相反，蓝色系通常看起来更冷淡，但却会使空间看起来更宽敞。

如果下沉式花园中的阴影特别重，那么就要将重点放在树叶的纹理和图案上，而不是植物的颜色或香味上。

下沉式花园中毗邻边界的铺装和土壤必须与地面保持水平，这些边界往往是相邻房屋的墙壁。这样做是为了避免你在不经意间越过墙壁的防潮隔离层，令铺装或泥土接触到邻居的墙壁——这可能会给邻居的房屋带来潮湿问题。

下沉式花园的屏障

如果你的下沉式花园有足够的空间的话，尽量添置一些构筑物，比如凉亭和廊架。这些设计不需要植物，但可以给下沉花园提供更好的私密性。

前花园

比起房屋后面更加私密的后花园，入口处或者位于你房屋前面的花园往往是为了给他人留下良好的第一印象。在设计这样的前花园时，通常需将重点放在一条主园路上，这条园路要足够宽敞，使观光者不必只能单人排队通过，同时还要在前门处留出尽可能多的空间。

在这里，照明设施自然是必要的，但要注意不要太过华丽。前花园在所有花园类型中是最不安全的，所以在放置昂贵的物品或装饰物前，要三思而后行。还要了解当地的特点以及你的邻居使用了哪些设施和植物，虽然这是你的个人空间，但是与周围环境相协调在你的设计方案中同样重要。

一些国家的立法规定，前花园的铺装必须是可渗透的，允许雨水渗透到地表以下，或通过花园内的渗水或排水系统，将雨水收集起来，而不是溢出到公共道路上。

软树蕨那纤细、透光的叶子倾斜着覆盖水池，柔化了这片叠水[1]景象。

1 叠水指喷泉中的水分层或呈台阶状连续流出。——译注

案例学习

障景

设计师安德鲁·威尔逊（Andrew Wilson）设计的这座花园是非常好的障景[1]实例，它展示了一个四周开放的郊区小花园，是如何变成私密的避风港的。

红豆杉树篱横穿过花园，打破了空间格局，并削弱了边界在视觉上的影响。每个分区都配置了不同的植物群落组合，从早春的异彩纷呈到冬季的妙趣横生，花园的四季变化各有亮点。种植区域呈现了优美的曲线和椭圆形。

深色玄武岩碎石铺就的小路，强调了植物的绿色叶片，钢制的边缘可以维持小路的形状和角度。

虽然花园的隐私性是非常重要的，但设计师仍旧在花园的尽头留出了开放空间，以便碎石小路尽头的蔬菜种植区能够得到充分的光照。

栅栏和廊架被漆成了黑色，降低了它们的存在感，攀缘植物则进一步柔化了它们的外观。

露台的私密性

为了保护房子旁边的露台，不让它暴露在外界的视线中，可以在邻近的池塘里种下高大、可透光的芦苇。它们的叶子既可以透过光线，又能遮挡座椅区。在较小的花园中种植这类大型植物是很重要的，因为它能呈现一定的戏剧性和视觉趣味。

经芦苇种植床过滤后的池水清澈见底，其中种植着芬芳的睡莲。潮湿时，黑色玄武岩露台会闪烁点点微光；露台上的倒影与水池中的倒影彼此呼应，相映成趣。

▲ 修剪得当的红豆杉树篱将花园划分成季节性种植区。在这个夏末时节，种植区边缘的暗色玄武岩砾石在一波鲜花和雉尾草（*Anemanthele lessoniana*）叶子的映衬下焕然一新。

把设计想法带回家

- 树篱可以被用来划分空间，并且能制造一种空间变大的假象。
- 分区种植增加了物种多样性，同时带给人惊喜。
- 大型的园景植物[2]给花园带来了高度和尺度上的参考。
- 深色的铺装（玄武岩）与树叶和彩色植物形成鲜明对比。
- 铺装在潮湿时会反光，干燥时颜色会变浅，这种变化可以改变氛围。
- 钢制边缘的种植床和道路给人一种秩序感和防御感，与柔软的宿根植物和草本植物在质地与形状上形成了鲜明的对比。
- 因为花园布局过于开放，所以用高大而透光的芦苇屏蔽了主座椅区。
- 要尽可能地延伸边界，从而最大限度地从视角上扩大种植区域。图中，这些边界闯入了草坪区域，提供了屏障和视觉趣味。

1 障景也称抑景，在园林中起着抑制游人视线的作用，是引导游人转变方向的屏障景物。——译注

2 园景植物与“园景树”相似，一般指姿态优美，其叶、花、果等极具观赏性，在景观中担任主要角色的骨干植物。——译注

图像的倒影

高大、优雅又透光的沼生水葱（*Schoenoplectus lacustris* subsp. *tabernaemontani*）（1）被种植在水池中砾石堆砌的种植床上，在水中创造出了戏剧性的光影效果。它们还提供了私密空间，保护这片区域不被周围的房屋俯瞰。

在池塘的另一边是由宿根植物构成的边缘（2），呈现出夏天的颜色和朦胧的倒影，围绕着草坪旺盛地铺展开来。

清香的睡莲属（*Nymphaea*）（3）漂浮在平静、清澈的水面上，它们散发出的香气弥漫在夜晚的空气中，笼罩着那些坐在露台上的人。

SMALL GARDEN STYLES 风格

风格和设计往往被人们混淆。设计是一系列问题得到解决的过程，而风格则关系到设计方案的最终呈现方式。特定的颜色、形状和材料可以组合成一种风格，而这些元素的组合方式可以表达这一风格的设计理念。

风格可以表现为一段特定历史时期或艺术运动的特征，如古典主义或现代主义。一些花园的风格更多是由它们的功能来定义的，例如菜园。房屋的年龄或建筑结构可能会影响你的想法，而风格则会影响你对花园的材料和植物种类的选择。

15 种找到你的风格的方法

1. 先做研究

通过对花园所处的时期、花园内的使用材质以及花园设计师的充分调查，来明确你想在花园中使用的风格。这些研究会让你了解园林的布局、比例以及规模。规则式园林（formal gardens）与古典园林（classical garden）看起来联系并不密切，但古典园林却可以在许多方面对规则式园林加以解释。其他风格诸如新艺术风格，其布局、颜色组合和材料范围都有特别的规定。

2. 参观花园

尽可能多地去参观符合你偏好风格的花园。每种设计中的细微差别和特质都显示出设计在限定的内容下有所不同，从而彰显了设计师的个性特征。

3. 探索文化

有些风格是基于文化和哲学的理念来建造花园，这就值得探索和了解这些园林的背景。在日本，许多类型的花园及其内部的装饰，通常可以被高度抽象化来诠释其花园风格。

4. 考虑融合

最近出现了一种融合或借鉴不同风格的趋势，这种趋势有时被称为融合主义，或者可以看成是历史上的折中主义[1]。融合主义将来自不同风格的最优秀或最强势的元素结合在一起。但是，注意不要过度使用这种方法，因为引用太多不同的风格会导致混淆、引起混乱。可以通过颜色或重复性种植来达成一些连贯的效果。

1　折中主义建筑，Eclecticism architecture，亦称“集仿主义建筑”。19—20 世纪初欧美复古主义建筑风格之一。特点是根据需要模仿和集不同历史时期重要建筑风格于一体。——译注

5. 与建筑互补

房屋的建筑风格将通过窗户或门的处理方式和建筑中所用的材料来影响你的花园。虽然有些屋顶披红陶瓦片，但爱德华式建筑（*Edwardian architecture*）通常是砖砌的。当代建筑使用的是木材覆盖层、钢材和大面积的玻璃材质。

6. 留意家具

把花园中的家具考虑进你的设计风格中。在手工艺术风格的花园中，现代树脂家具会格格不入；而在现代主义的空间里，具有埃德温·鲁琴斯（Edwin Lutyens）爵士风格[2]的长凳则不太协调。

7. 找到关键元素

一旦确定风格后，就要找出定义该风格的关键元素。这可能涉及总体布局、空间组成、材料和典型的植物种类及样式。色彩也可以象征某些风格，例如，白色经常与现代主义有关，而浓重的土褐色则

2　即新古典主义风格。——译注

常常与地中海风格的花园联系在一起。

8. 追求原创

要舍得为花园中的一些手工艺品或者艺术品投资。这可能包括一个有趣且合适的雕塑、装饰品甚至构筑物，例如这座由石材层叠搭建的挡土墙，能设定场景基调以及强调你的个人风格。

9. 参观花园展览

在花园展览中，设计师们通常会有一些风格上的探索理念，比如这个为切尔西花展（Chelsea Flower Show）制作的展品。花园通常是精良的复制品或是受特定风格启发的作品。参观具有全新改良风格的花园，以及与设计师讨论他们的设计过程，都是相当重要的。

10. 保持尺度感

查看所选风格中主要元素的大小和比例。一个常见的错误是缩小这些元素，以至于花园里的一切都变得更小，导致整个花园过于复杂。

11. 考虑气候

当选择的物种更多来自国外，如地中海或亚热带花园时，要确保这些植物适合你所在地区的气候。城市中心会形成热岛效应，从而导致当地温度提高了3℃～4℃，使不特别耐寒的植物能经受住寒冬的考验。郊区和农村的花园处于与市中心完全不同的小气候，从而容易发生更严重的霜冻。

12. 符合风格的植物

在选择植物时，应该选择正确的物种，特别是对于确定风格起到关键作用的物种，比如红豆杉之于英国乡村花园，或者橄榄树之于地中海风格花园。不过，在这个过程中没有必要过于迂腐——大多数现代最新的园艺品种比起以前的品种都有了一定的改良。

13. 评估维护

对于维护特定花园风格涉及的工作，一定要实事求是。一般来说，越多的植物种类需要花费越多的维护时间。水景需要维护，而菜园更是需要投入大量的时间。

14. 注意细节

一旦确定了花园的整体结构，你就要开始考虑设计细节，这样才能增加花园的真实性和趣味性。栽培容器、家具、照明和雕塑，都可以让花园更加真实、更具氛围、更有说服力。建筑材料回收场是搜集理想的艺术品和特定时期风格物品的绝佳场所。

15. 重新定义风格

要接受一个事实，那就是你的花园与带给你启发的示范花园，两者的尺寸大小可能不一样，所以不用过于严格地遵循任何样式。重要的是要优先考虑有哪些元素能够适用于你的花园，也许是硬质材料的颜色和纹理，也许是关键植物的重复种植。

找到你自己的风格

风格有助于组织和架构你的花园，并提供指导原则和连贯的结构。这一系列的风格将帮助你选择适合自己个性的花园设计。规则式园林的秩序和对称与乡村花园不受约束的多样性形成了鲜明对比。

规则式造园方法

作为流行的造园方法之一，规则式园林是以古典影响和对称秩序为基础进行建造的。在某些方面，这是一种很容易采用的风格，因为它有很明确的规则可以参照。甚至在整个造园史上，这些规则一再成功地重复出现。

从欧洲的古典园林到伊斯兰教和莫卧儿帝国（Mogul empire）的伊甸园式花园中，都可以找到规则式园林的痕迹。古代的规则式园林遵循了四方体系（是基于伊甸园中的四条河流划分而来）。意大利和法国的古典园林以草坪、铺装、水和树篱或规整的林地为关键材料，采用规则式造园方法，在景观中创造了令人难以置信的几何图案。它们经常被看作是人类征服自然的象征。

虽然现代的规则式园林已经改良了这些原始概念，但中轴线对称和重复的原则依然是规则式园林的核心。

在小花园中规则造园

在一个小花园里，试图宣示主权或者歌颂权力的做法通常是行不通的，[1] 也不受欢迎。但是将一个小空间分割成沿着中心轴对称的相等部分却是完全可行的。

具备一条中心轴或视线是一个很好的起点，但花园还需要一个焦点。这可能是一个座位或是一座雕塑。花园最简单的形状是正方形或更偏向于矩形，因为它们很容易组合。长方形或椭圆形通过长边能给人一种运动感。道路两侧的矩形边框通常借用树篱（大多是锦熟黄杨）来创建所需的秩序和准确度（见第 166 页）。

保持简单的布局来维持良好的规模和比例是至关重要的，这样才能建造宽阔的道路以及面积更大的种植区和铺装区域。

分成四个部分

如果空间足够大，可以引入横向轴线，从而产生四个独立的种植区。在这种情况下，焦点通常位于道路的交点处。设置在道路末端的

1 比如像凡尔赛园林那样的规则式放射轴线的大型园林，就是对王权和太阳王路易十四的歌颂。——译注

设计师伊莎贝尔·范·格罗宁根（Isabelle Van Groeningen）在英国皇家园艺学会切尔西花展上的花园中修**剪过的黄杨树篱**，为种植区域提供了明确、清晰的边界。

7种设计规则式园林的方法

- 简化你的图案设计，以便最大限度地扩大种植面积和道路宽度。
- 使用低矮的树篱来明确种植区域。
- 引入园景树或修剪植物来增加花园内景物的高度。石塔或攀缘植物的架子也能起到相同作用。
- 虽然通过不同的边缘材料可以增强铺装的几何图案的效果，但应尽量保持铺装的简洁。松散的碎石与规则的镶嵌边缘的石头或钢材可以很好地相互平衡，作为一个成本低廉的方案。
- 水景可以用作反射镜像的静水池，而喷泉和涌泉则能产生声音和动感。较小的水景，如墙上的跌水[1]或喷泉池，都可以成为焦点。水生植物除非不种，一旦种植的话需要小心控制以保持它的形状。
- 尽可能建立对称景观，因为这能将必要的重复和秩序引入规则式园林。
- 重复种植其中的关键植物或景观组合。如果种植在低矮树篱旁边，它们可以不那么规则。菜园非常适合规则式园林，因为它们排列整齐而且易于重复。

规则式园林风格的主要设计师：阿拉贝拉·伦诺克斯-博伊德（Arabella Lennox-Boyd），乔治·卡特（George Carter），卢西亚诺·朱比莱伊（Luciano Giubbilei）

1 使上游渠道（河、沟、水库、塘、排水区等）水流自由跌落到下游渠道（河、沟、水库、塘、排水区等）的落差建筑物。——译注

▲ **规则式构图**在历史上可以追溯到古代摩尔人的园林，如阿尔汉布拉宫（Alhambra Palace）和欧洲古典园林。

▲ 规则式园林的**主题和布局**往往非常相似，都是利用轴线组织和重复的拱门。当然，焦点和景观元素也很重要。

座位也可以作为焦点，来观赏整个花园的全景。

首先考虑你需要的花园功能，有时候可以推翻模式化的规则式构图。

如果面积小的花园也被分成了四部分，那么由此产生的狭窄园路应该覆盖上铺装，不然草地就会被大量践踏。

在一个不规则的场地，也可以推行规则式设计，让构图的形状延伸到边界即可。

◀ **锌制长方形墙板**和长方形水箱在这里奠定了氛围的基调。被修剪为自由式云朵状的欧洲鹅耳枥以及密集的铺地植物柔化了硬质铺装。

现代造园方法

现代主义与规则式或古典造园方法具有共同的特点（见第58页）。现代造园方法强调清晰的几何划分，用容易识别的凌厉线条和重复的关键元素来创造效果。然而，这种风格充满了不对称性，因此它的效果更具动态，特征也更加让人感到出乎意料。这既给一些人带来了自由的感觉，又让另一些人感到混乱。

现代主义的重要元素是空间和光与影相互作用的方式。它不涉及确切的公式，但开放的空间应该与密集的、较高的种植区域达到平衡。树篱或墙可以用作屏风，它们能将花园的不同区域分隔开来。由于这些元素不能完全封闭空间，光和空气都可以从一部分流动到另一部分。

垂直的对应

强调竖直方向的绝对垂直度是现代主义设计的一个重要方面。因此，一些植物，例如冲天岩生圆柏（*Juniperus scopulorum*'Skyrocket'）、羽毛芦苇（*Calamagrostis* x *acutiflora*'Karl Foerster'）就比另外一些植物，例如圆润斑点状的墨西哥橘花（*Choisya*）更加合适。

现代主义风格起源于20世纪初德国的包豪斯学派（*Bauhaus School*），是对制造业和大规模生产的新世界的回应。混凝土、钢材和玻璃等人造材料是其标志。这些关键元素和明显的几何结构在许多当代园林设计中仍然非常普遍。由于装饰性细节和装饰品显著地减少或被完全去除，因此物体表面成了一个反射斑驳光影的平台。

基本的布局

矩形和正方形构成了花园的基本布局，并且不对称地重叠在一起。可以用数块简单的矩形铺装，以不规则的排布方式组成园路，供人在其上行走。灌木被修剪成球体或立方体等形状，因为它们纯粹的几何形式适合表达现代主义。

进行种植设计时应该像表现色彩一样来表现树叶的趣味和它们之间的对比差异。应该重点突出园景植物或者修剪的树篱，与大面积种植的植物的完美结合（见第168页）。

图案仅限于简单的直线和狭小的节点。因此，最好的铺装材料

▲ **图中的种植物**看起来仿佛雕塑一般，柔化了直线元素，并且打破了棱角分明的几何形状的铺装、水景和表面。

是平整的混凝土（通常是原地浇筑的）或天然石材，让墙体也可以呈现出光滑的平面。

这样做的目的是尽量减少或隐藏固定物，从而使表面积最大化。将每一层台阶的一部分重叠在下一个台阶上，这样就可以在视觉上让沉重的材料看起来更轻，甚至仿佛在“飘浮”。

现代花园的色彩

现代花园的铺装色彩应该呈中性或有着强烈的色调。有些渲染可以用天然颜料，但大多数表面会加上涂层作为保护。水景通常用作可以呈现倒影的镜面水池，有时候也可以看到垂直的涌泉流或冒泡的喷泉。

▶ **棱角分明的几何形状，通常是直线型图案**与不对称、非规则式的种植设计相结合。最微小的细节也强调了光洁的表面。

7种设计现代园林的方法

- 使用简单和明确的几何形状来定义铺装区域和种植区域。长方形和正方形能很好地结合在一起，并保留了重要的直角。圆形可以用来强调中心。
- 根据植物的形状和质地选择树篱和园景树，并将其放置在面积较大或地势较低的区域。这些植物作为铺地植物，地面覆盖层较低，可以为花园提供一层树叶地毯。花卉可以增添特定的色彩亮点。
- 在花园里，独立的屏风和树篱不仅能分割空间，还能令空间保持一种开阔的效果。当游客置身其中，透过这些元素之间的缝隙查看外部空间时，会产生惊鸿一瞥的感觉。理想的设计是创造一种围合感，而非密不透风的隔离。
- 确保花园的布局仍然是非规则式和不对称式的，大面积的铺装与较小的面积毗邻形成鲜明的对比。构图的组合应该自由随意，不应重复图形。
- 特别是当有台阶或水平高度的变化时，可以将部分铺装区域重叠。这能加强花园内部的联系和动态感。
- 将雕塑或栽培容器不对称地放置，能够吸引眼球，但又不会形成视觉焦点。
- 选择低矮、优雅的躺椅和风格休闲的餐桌。餐饮家具的设计应该也是简单的、呈几何形状的。

现代主义风格的主要花园设计师：克里斯托夫·布拉德利-霍尔(Christopher Bradley-Hole)，汤姆·斯图尔特-史密斯(Tom Stuart-Smith)，安德鲁·威尔森(Andrew Wilson)。

种植设计要突出树叶的趣味和对比……

大胆、充满活力的植物和奇特的铺装表面，构成了极致的城市化风格的园林。这种灵活地延伸到房屋的设计是为了让人放松心情、产生灵感。

城市花园的造园方法

大多数小花园本质上都是城市化的，这种风格是随着国际化特色的发展应运而生的。虽然一些园丁会通过创造大量的种植空间来柔化城镇的硬质建筑，但仍有许多园丁只是将花园用作休闲和娱乐。在这些花园中，建筑元素占据了主导地位。

灵活性是城市花园的关键，因为在有限的空间内可能需要同时容纳儿童游乐区以及休闲娱乐区。虽然种植物很重要，但它只是众多用来增加个性和趣味性的元素之一。

精准构图

城市花园具有简单清晰的几何构图，而且经常与房屋紧密相连。双折叠或滑动玻璃门最大限度地削弱了内外空间之间的界限，并且还可以在天气温暖时拓展出一个独立的生活空间。

城市花园中的材料需要与室内材质相匹配。家具、雕塑和装饰品的风格通常要相互关联或协调，就像在室内空间里一样，这种重复性为花园建立了节奏和秩序。照明对于营造气氛也非常重要。

通常是根据建筑形式或建筑的肌理，从简化的色调中选择种植物的。编织的树篱或冠幅狭长的树木，如种植鹅耳枥园艺品种（*Carpinus betulus*'Frans Fontaine'），大多是因为它竖直生长的特性以及能够保护私密空间的功能；而简单地将地被植物混合种植，就能增加视觉的冲击感，并且为作为焦点的关键树种提供补充背景；观赏草因其透光性和吸收阳光的特性而受到重视；垂直绿化也很受欢迎，因为它能在保证种植面积的前提下，最大限度地节省地面空间。

硬质铺装

木平台通常用于铺装表面，或者作为高品质石材的替代品，例如玄武岩、石灰石以及锯开或者打磨过的砂岩。墙壁和边界之间采用平滑的过渡方式，或者用水平方向的木板条连接室内的房屋墙壁。

家具也经常用在小花园内，它们对花园的风格影响很大。人们通常会巧妙地在家具或木平台下面隐藏储存室。

7 种设计城市花园的方法

- 最大限度地利用空间，并使城市花园的铺装表面和结构与建筑的用材品质保持一致。保持简洁明了的几何构图布局。
- 利用花园照明在夜里营造出剧场般的氛围，使人们能够从室内欣赏花园。
- 使用柱状或冠幅狭窄的树木、修剪的树篱或花架，将私人区域隔开。
- 重复使用关键的要素，例如园景植物、家具或容器，以便在花园内创造出节奏感和连贯性。
- 粉刷墙壁的时候可以考虑使用带有夸张、戏剧性的色彩效果。但是要记住，来自红橙光谱中的活跃、温暖的颜色，将使空间在视觉上稍显狭窄。而光谱中清凉的蓝色，能够呼应景深，从而使得空间看起来更加宽敞。
- 尽量减少植物的种类，而着重使用简单的地被植物作为背景，这样就可以引入更多夸张的园景植物或彩色植物。
- 水可以与雕塑相结合，也可以用来打造镜面水景（见第 146—147 页）。地上水景结合地下蓄水池，将占用较少的空间。

擅长城市花园风格的设计师：安迪 · 斯特金（Andy Sturgeon），飞利浦 · 尼克松（Philip Nixon），吉姆斯 · 奥尔德里奇（James Aldridge）。

红豆杉树篱上方的一**排风力涡轮机**为这座城市花园增加了一层的工业化风格的屏障，并掩盖了用来回收和堆肥的工作区域。

这座花园具有色彩跳跃的布景……

回收的木材被用作这个花园的边界和背景，能够使人联想起它们以前的样子和用途。山樱（*Prunus serrula*）的树皮则呼应了红褐色的色调。

概念主义的造园方法

“概念”作为思想的结晶，常被有创造性的设计师或艺术家用来传达工作中的想法，并以此来指导人们的设计。因此，在他们的设计核心中，概念花园是富有表现力的空间构成。

20世纪末，园林中的概念设计变得尤为重要，它将设计重点从园艺转移到与艺术有直接联系的领域。这种改变是令人兴奋且陶醉的，它造就了一批富有个性和活力的花园。曾在法国的肖蒙卢瓦尔河畔举行的设计展（Chaumont-sur-Loire design show）和加拿大的雷福德花园设计展（Jardins de Métis/Reford Gardens design show），都体现了对这种造园方式的支持。

这些想法从何而来？

概念来源于历史事件或地点、个人特征、艺术本身的多种形式或异想天开的想法和主张。通过选择材料来强调特定的颜色、纹理或特性——混凝土、钢、橡胶、有机玻璃和涂层表面；通过灯光照明来调节氛围。

概念化的花园也可以是具有功能性的空间，但通常会优先从露台或室内的观赏角度来对它们进行设计。

如何嵌入种植物？

如果希望用植物来表达花园的中心思想，而不是让其形成特定的生境[1]或群落，那么可以通过大片种植植物来呈现壮观的视觉效果(见第177页)。花园可以种植单一的物种，或者通常利用一年生植物的鲜艳花色来强化一个色彩主题。

1 生境：指物种或物种群体赖以生存的生态环境。——译注

6种设计概念花园的方法

- 在早期规划阶段，确定能够总结出设计方案基本概念的关键词或短语。分散的、强烈的、紧密的或保护的，这些词语都是描述感受的良好范例，它们可能会给你带来启发。
- 一旦定义好了概念，就用这些关键词来帮助你确定布局、所需材料和种植物色彩的搭配。
- 尽可能简化你的想法和选择的元素，让花园与人产生交流和共鸣。如果别人不理解你的概念那也没有关系——空间本身的魅力就足以令人着迷。
- 人工材料经常出现在概念花园里，以强化色彩对于设计概念的表达。树脂合成材料或橡胶颗粒构成的铺装表面可能会强化这一特点，并且增进沟通体验。
- 在强化概念时，植物并非不可或缺的。相比复杂的植物组合，有时候，一两种精心挑选的植物就足以强化概念。在这种情况下，通常鲜明或大胆的颜色、纹理和三维立体造型就构成了关键的特点。
- 把花园看作是一种装置，而不是园艺。用花园来表达你的个性和喜好，而不是试图顺从自然。

擅长使用概念主义风格的花园设计师： 托佛·德兰西(Topher Delaney)，弗拉基米尔·西塔(Vladimir Sitta)，托尼·史密斯(Tony Smith)。

▲ 水光的反射与透明的有机玻璃在餐桌边制造了巧妙的视觉误差，倒映出闪烁着微光的鱼缸以及宝石光泽的金鱼。

◀ **规则、分隔的布局**，与茂盛而丰富的种植物或观赏草构成的边界结合在一起，代表了工艺美术风格。

工艺美术的造园方法

工艺美术运动[1]最初是为了留住能工巧匠的手艺，以免这些手艺因为工业化大规模的生产而消亡。这场运动在英国最受欢迎，因为工业革命就是在英国诞生的。

这是一场影响甚广的建筑和设计运动，在花园设计方面也同样树立了一种新的风格，并且在20世纪的大部分时间里都对园林设计产生了极大的影响。对许多人来说，这场运动仍然是英国花园的缩影。

格特鲁德·杰基尔（Gertrude Jekyll）和埃德温·鲁琴斯爵士这对著名的合作伙伴创造了一些广为人知、引人入胜的工艺美术花园的范例。虽然杰基尔把意大利古典元素引进了鲁琴斯的建筑，并且把地中海色系的植物带入了他们的花园，但是乡村花园式的种植物、本地材料和乡土建筑仍然是其核心。

建立围护

通常，工艺美术花园是封闭的空间，或是由墙壁或更为常见的篱笆围成的一系列有围护的空间。每个室外隔间都会有不同的特征。

工艺美术花园中的植物既种类丰富又长势茂盛，而且通常以色彩为主题，要么是细长的呈渐变色彩的观赏草边界，要么是具有个人色彩的主题花园，如英国的肯特郡西辛赫斯特的白色花园（Sissinghurst White Garden），或格洛斯特郡的希科特庄园的花园（Hidcote Manor）。

这类种植方案一般会在夏季开始规划，而且花园要足够大，足以支持各种各样的季节性种植组合的生长。像罗斯玛丽·弗利（Rosemary Verey）和佩内洛普·霍布豪斯（Penelope Hobhouse）等设计师都支持这种被后人称为英国花园风格的设计方法。

随着劳动力成本的增加，工艺美术花园的植物选择从以禾本科植物为主，转变为将宿根植物和灌木相结合的种植形式。

硬质铺装

铺装材料是天然石材，通常为约克石（Yorkstone）或本地砂岩，它

---

[1] 工艺美术运动（The Arts & Crafts Movement）是19世纪下半叶，起源于英国的一场设计改良运动，又称作艺术与手工艺运动。这场运动的理论指导是约翰·拉斯金（John Ruskin），运动主要实践人物是艺术家、诗人威廉·莫里斯（William Morris）。——译注

▲ **装饰性赤陶瓦罐受到了**工艺美术设计师格特鲁德 · 杰基尔等人的青睐。瓦罐装饰呈现的技艺完美地吻合了这种特殊的风格。

7 种设计工艺美术园林的方法

- 通常使用对称的、以矩形为主的规则式布局。在道路交会或改变方向的地方使用圆形。
- 用树篱或矮墙分隔花园的不同区域。
- 以色彩为主题进行种植设计，主要通过花色来强调其主题。叶片的颜色也可以用这种方式来强调。单色主题的花园仍然很受欢迎，白花和绿叶搭配效果很好，尤其是在阴影下。然而，单一色调可能会使人审美疲劳。
- 尽可能多地使用天然材料。碎石是一种理想的低成本铺设道路的材料，可以将其垒在石头或砖头的边缘。马赛克鹅卵石也很受欢迎。
- 保留侵入铺装交界处和缝隙里的地衣和苔藓，它们能形成一种痕迹斑驳的沧桑感。
- 选择木材家具，让它随着时间的推移而变成银白色。
- 从一些原有的工艺美术花园中获取灵感和设计手段。虽然这些花园的整体规模很大，但在它们内部分隔出的小空间可以很好地转化为一个小花园。

擅长使用工艺美术风格的花园设计师：佩内洛普 · 霍伯斯 (Penelope Hobhouse)，玛丽 · 基恩 (Mary Keen)，菲奥娜 · 劳伦森 (Fiona lawrenson)。

们天然形成的凹凸不平的表面仿佛饱经风霜。本地的土砖、瓦片或石头将用于墙壁，而木材将用于构筑物，例如廊架或凉亭。旧物的重新利用，可以为创造工艺美术氛围提供必需的锈蚀和工艺特征。

向小花园转变

工艺美术风格适合狭长的花园，在那里可以很容易地设置一系列围护场地，以应对多样的用途，并容纳四季不同的趣味。用树篱围合这些区域，并且在其周围密集地种植宿根植物，以实现柔软与丰富这两种特征的对比效果。

▶ **天然材料和手工制作**，这种来自本土的细节在工艺美术运动中非常盛行，这也影响了 20 世纪的许多花园设计。

种植方案结合了生机勃勃的宿根花卉和灌木……

乡村花园的风格已经成为人们普遍推崇的一种造园方法，它将五颜六色的植物与轻松、随意且富有魅力的氛围结合在一起。

乡村花园的造园方法

最初，乡村花园应该是由一系列长方形的专门用来种植食物以补贴家用的种植床组成的。随处可见挣脱了树篱束缚的植物，如报春花、百合花和金银花，都夹杂在农作物中生长。

随着生活变得更加富裕，这一概念发生了变化，城市居民将乡村花园诗意化为一个植物种类丰富的天堂，在这个天堂里，各种各样的植物在没有定义和约束构架的情况下肆意生长。正是这种随意的生长吸引了园丁的注意，他们将其视为植物自身的赞歌。

风格特点

乡村花园的种植设计结合了生机勃勃的宿根植物和灌木（见第167页）。其中以恣意生长的芳香玫瑰品种、山梅花（*Philadelphus*）或丁香（*Syringa*）最为突出。

在狭窄的小径两侧，植物占据了主要的优势，花园的格局也被笼罩在层层叠叠的花叶之下。为了平衡这一点，修剪得当的树篱和树木造型艺术被引入花园中，形成了对比和分区，同时增加了花园的私密感。狭窄的视野或入口被修剪成树篱造型，以激起游客的好奇心。

烟囱形陶罐和圆桶，与赤陶瓦罐一起作为种植器皿。家具的材质通常是风化的木材和装饰性金属，或者两者搭配使用。

6种设计乡村花园的方法

- 保持花园的简单布局，才能将植物真正地凸显出来。过于复杂的种植床和布局会掩盖植物本身的特色。
- 将种类繁多的植物密集且成群地排列在一起，或者采用零星点缀的方式，以便呈现出一种非正式的、随意的外观。在选择植物的时候也要考虑它们的气味。另外，大量的种植物会导致高昂的维护费用。
- 促使植物在缝隙和铺装之间自行播种，从而令其魅力得以恣意蔓延。
- 使用叶型精致的树种作为树篱和造型艺术植物，如黄杨木和红豆杉。它们与粗犷的树叶和花卉形成了鲜明的对比，这正是乡村花园的特点。
- 铺装通常采用天然石材，如重复利用的石材或风化石材、花岗岩和碎石，将它们铺就成随意的图案。当需要一种非正式的混合材料时，也可以采用砖瓦。
- 增加种植床和边界的高度，以便种植高大的植物，如飞燕草（delphiniums）、毛地黄属（*Digitalis*）或毛蕊花属（*Verbascum*）。将攀缘在垂直花架上的玫瑰和铁线莲种植在花园边界内、墙壁上或篱笆上。

擅长使用乡村花园风格的花园设计师：金妮·布洛姆（Jinny Blom），邦尼·吉尼斯（Bunny Guinness），罗杰·普拉茨（Roger Platts）。

关注装饰

虽然水果和蔬菜仍然是乡村花园的一大特色，但现在通常是作物与观赏性植物混合种植。甜豌豆（*Lathyrus*）、大丽花（dahlias）和菊花（chrysanthemums）是用来做切花的，而蚕豆（broad beans）或刀豆（runner beans）则依附于高大的藤架。

日本造园方法

日本花园呈现出一系列独有的特色和设计理念。然而，在日本花园设计中，诸多丰富多彩的当代场景打破了传统的造园理念，但同时又保持了鲜明的日本文化特性。

大多数日本花园的特色，是对有限的空间进行探索并加以利用。西方花园注重空间的功能性和实用性，而日本花园更看重精神性，表达人的思想和内心。因此，日本的花园，精神性大于实用性，甚至已经将实用性抵消，其中，不对称的布局是日本花园的重要组成，这些花园往往更重视雕塑化的空间品质。

▲ 在日本园林中，水不仅寓意着清洁，更象征着自然元素。如上图中，狭窄的小径穿过庭院中可以反射倒影的水池，这样的场景会格外地发人深省，更会引起使用者的自我反思。

比重的平衡

不对称性是日本造园方法的关键。物体、植物或表面通过密度、透明度、重量、质地或颜色的对比来达到平衡。通常，树叶和表面纹理会被着重强调，或者将两者进行组合来形成对比（见第 171 页）。在柔软的苔藓上或反射倒影的静水中，可以放置有特点的巨石、碎石，或结合铺装纹理进行设计。竖直的植物，如鸢尾花（iris）和禾本科植物，可以平衡大面积、低矮匍匐的地被植物以及过度修剪的松树。

▲ **尽量减少装饰物**，如灯笼或蓄水盆。作为重要的焦点，它们在发挥功能时可以与纹理简单的树叶相得益彰。

设计者通常会青睐扭曲的或多瘤的园景植物，因为它们创造了一种抽象的野生感——即在有限的空间内捕捉自然的本质。在禅意花园中，这种造型被运用到了极致：由数块岩石和纹理精致的细沙组成的极简景观——“枯山水”。

当代日本花园也常常使用硬质铺装来结合水景以及精心挑选的园景植物，来表现更加雕塑化的空间。

边界

边界在日本园林中很重要，因为在小空间内，边界的存在尤为明显。竹篾编织的屏风通常被用来装饰边界，而植物则可以隐藏或掩盖周边的边缘地带，并绵延到花园之外的周边种植区域。如此一来，花园便变成了一个小小的绿洲，宛如宏大景观内的一方自在天地。

创造运动感

这种方法最困难的地方在于协调曲折的路径和带有纹理的表面，不过这反而创造了一种有引导作用的运动感，在重要的交界处或改变方向的地点引入了焦点景物。这些路径可以与古代的茶道文化相结合，包括展示净化水源和准备茶艺的方法。在关键地点可以通过设置用以盛接或储存净水的石盆来增添景致。

▲ 精致入微的细节将为日本园林增添最后的点缀。注意，不对称但平衡的设计是这种风格的典型特征。

6 种设计日本园林的方法

- 在花园中使用不对称的布局和设计，以便从房子或主要门廊可以看到最好的景致，或者漫步其中时，能够使人注意到特定的景观或重要的植物以及手工艺术品。
- 选择园景树，如枫树（*Acer*）或松树（*Pinus*），它们通常具有多个枝干，或者以自然生长的盘根错节和人工栽培的扭曲形态出现。它们的存在有助于增加花园的年代感和特色。同时，通过精心修剪，其他许多植物也可以看起来古老且扭曲。
- 将大片种植的铺地植物修剪成自由且柔软的形态。
- 引入水景：将水引入石盆作为零星的点缀水景，或者利用水面反光的功能形成面积更为宽广的水景。
- 能够塑造出纹理形态的砂石是展示植物和巨石铺装的重要材质。在禅宗花园里，颗粒特别细小的砂石可以耙出具有自然形态的清晰图案。
- 尽量少用装饰品以使整个构图更为简单，并且要在开放空间平衡硬质元素和植物元素（见第 38 页）。

擅长日本园林风格的园林设计师：塞其春子（Haruko Seki），铃木幕府（Shodo Suzuki），长崎武（Takeshi Nagasaki）。

在有限的空间内重现自然的本质……

在众多日本园林中，运用对比是非常重要的。在这里，扭曲盘旋的松树形成了一种不稳定的平衡感，其侧影映衬在明亮洁白的墙壁上，极具趣味性。

浓郁的芬芳和强烈的色彩反而令人感到放松……

一行行的薰衣草静静地生长在石灰石的沙地中，令人回忆起阳光温暖的日子和夹杂着青草芳香的空气，而橄榄树则为下面蔓延生长的宿根植物投下一片阴凉。

地中海风格造园方法

长久以来，花园设计师与地中海地区就有着不解之缘，尤其是在那些以马基斯群落（maquis vegetation）为主的野生地区。这些乱石堆砌、饱经风霜的景观现在是许多重要植物的家园——从大戟科植物到薰衣草再到迷迭香，这些植物都可以在世界各地的花园和草药收集处找到。

非正式感是关键

浓郁的芬芳和强烈的色彩使花园笼罩在一种迷人、令人放松的氛围中。非正式的甚至是随意搭配的种植组合也与阳光照射下的原始栖息地相呼应（见第 169 页）。

种植橄榄、无花果、月桂树等树木是因为它们高大挺拔，并拥有疏朗的树荫；而薰衣草、迷迭香、丝兰[1]和百里香（*Thymus*）这些低矮的植物则可以覆盖地面。许多地中海植物都有灰色或白色的叶子，这也进一步加强了这类干旱景观的特征。

在砂石中种植

地中海花园的大部分区域都被砂石覆盖，包括主要的种植床，植物需要在这种砂石的肌理表面生长和传播。在设计时，小面积的露台铺装或座位区域可以使用石板或陶瓦，这种自然粗糙的铺装板材同样也

1　丝兰，别名软叶丝兰、毛边丝兰、洋菠萝，百合科丝兰属植物。塞舌尔的国花，茎短，叶近莲座状，簇生，花近白色，秋季开花。原产北美洲，现温暖地区广泛作露地栽培。——译注

▲ **芬芳浓郁的攀缘植物**，如紫荆花，在阳光充足的墙边茁壮生长。五颜六色的瓷砖和温暖的红陶颜色体现出地中海风格的特色。

6种设计地中海风格园林的方法

- 如果可能的话，可以在花园露台铺装以外的区域使用砂石，甚至铺装的缝隙间也可以填上砂石。在砂石下面铺垫一些土工布，以防止杂草穿过下面的土壤生长蔓延出来。
- 石灰石是最适合用于硬质铺装的材料，因为它是地中海大部分区域都能生产的天然石材。
- 选择一些看上去饱经风霜或盘根错节的乔木和灌木——多分支的园景植物尤其适合在花园内营造一种建筑感。
- 随机种植植物，让花园没有特定的规律或形式。可以将一些植物密集地种在一起，而将另一些植物单独种植，仿佛这些植物是自然生长的一样。
- 允许杂草和种子在砂石中生根发芽。虽然砂石通常不太需要费心维护，但你也要时常留意砂石，并及时清除其中更多的侵略性物种。
- 检查一些物种的抗逆性[1]，如橄榄或柏树，因为它们容易受到霜冻或雪害。在本土繁殖和生长的植物往往比进口植物的抗逆性更强。

擅长使用地中海风格的花园设计师：约翰·布鲁克斯（John Brookes），安东尼·保罗（Anthony Paul），黛比·罗伯茨（Debbie Roberts）和 Acres Wild 景观公司的伊恩·史密斯（Ian Smith）。

1 植物的抗逆性是指植物具有的抵抗不利环境的某些性状，如抗寒、抗旱、抗盐、抗病虫害等。——译注

适用于接缝宽大而夸张的铺装纹理。

边界也可以用瓷砖来铺装或者进行装饰。可以将瓷砖做旧以使其呈现中性或泥土色调，在瓷砖之间还可以添加一些更鲜艳的色块来增强对比。

彩色瓷砖或鹅卵石铺就的马赛克拼接图案，是典型的地中海花园特征，植物会自行在这类铺装的缝隙中蔓延生长，进而覆盖整片区域。

地中海风情

将种植区的设计与休闲功能相结合，以便使用者穿梭其间，并发现其中隐藏的座位。

可以将水引入小型涌泉水池或盛满水的容器中，或者利用狭窄的水槽引水穿过花园。也可以利用巨石或红泥陶罐制造焦点。

自己动手设计

运用色彩

- 某些颜色被认为是温暖火热的（如红色和橙色），而其他颜色则是清新凉爽的（如蓝色和绿色）。
- 沿着花坛或边界的长边，将花色从鲜艳到淡雅分级排列，可以增加视觉上的距离感。
- 在狭小的空间内使用强烈的色彩或许更吸引人，但也会使人视觉疲劳。在偏中性的背景下要谨慎使用大胆的颜色。
- 可以选择让人感到炽热温暖的颜色来强调前景，而偏冷的颜色则可增加背景的深度。

生态造园方法

这种造园方法与其说是一种风格，不如说是一种哲学，它专注于使花园成为生态群落或栖息地，而不仅仅是让花园起到装饰空间的作用。目前，与可持续性发展和气候变化相关的问题使造园哲学成为人们关注的焦点。

在进行花园种植的时候，如果致力于研究植物的生长方式、生长地点以及它们共存的方式，则会产生一个不同的侧重点。在这种情况下，虽然在选择植物时往往容易与“只用本地物种”的理念相混淆，但从广义上来说，生态理念是让在相似的环境下生长的植物相互结合。因此，在生态造园的方法中，本地物种和进口物种有可能混合在一起种植。

最小化干预

最小化干预是指，“平息”花园中种植的物种之间的竞争以及使物种与周围环境条件相匹配，而不是通过多施加肥料等手段来试图改变环境。因此，具有侵略性、蔓延性的植物，或是善于传播种子的植物，都将从植物名单中被剔除。

◀ 图中的可持续生长的草原植被[1]，包括一系列的松果菊（echinaceas）、金光菊（rudbeckias）、紫菀（asters）和柳枝稷（*Panicum virgatum*），这种密集但色彩鲜艳的植物组合几乎不需要维护。

分类材料

选择回收或采购本地的硬质铺装，从而省去运输的麻烦，也更加环保。你也可以从规范管理和有资质证书的种植园中获取可再生资源，诸如木材等。

储存雨水

水是一种日益珍贵的自然资源，节约、储存水资源和吸收水分等措施，是生态方法不可或缺的一部分。可以将屋顶的雨水收集到水箱或地下储水罐中，洼地种植也是不错的选择，这是一种通过适当种植湿地植物，来控制土壤的吸水量的方式。绿色屋顶种植系统能够吸收水分并减缓雨水在屋顶上的流失，从而形成一个更有序的排水循环。另外，还可以考虑用带有过滤功能的种植装置来净化灰水。

6 种设计生态花园的方法

- 尽可能多地创造栖息地来提升花园内的生物多样性。最好和邻居们联合起来，这样就能利用花园组群，创造一系列特定栖息地，而不是试图在一个空间有限的小花园里实现所有的目标与想法。
- 给花园垃圾和厨房垃圾留出堆肥的空间。此外，还可以分出一个区域用来储存木材，为越冬的昆虫提供一个重要的栖息地。
- 改造屋顶——在屋顶上安装预先种好的多肉植物种植垫。新建的房屋和扩建房屋或许能够支撑起更复杂的绿色屋顶系统。
- 引入浅水植物和水生植物，以此来吸引更多的野生动物。这样一来，水景也可以被视为一种潜在的栖息地，而不只是纯粹的装饰元素。
- 从范围广泛的回收产品中选择铺装材料、花园家具和其他花园用品，其中许多回收产品都会让花园的设计更加巧妙，它们可以帮助你创造一个优雅与时尚并存，且具有生态优势的设计方案。
- 将宿根植物和一年生植物的种子混合播种，这样可以减少植物的碳足迹，它们不仅物美价廉而且种植效果很好。许多精心设计的混合种植方案都创造了延长花季的效果和持续性的趣味。

擅长生态风格的花园设计师： 詹姆斯 · 希区夫（James Hitchmough），奈杰尔 · 邓尼特（Nigel Dunnett），诺埃尔 · 金斯伯里（Noel Kingsbury）。

1 草原植被是温带半湿润地区向半干旱地区过渡的一种地带性植被类型，由低温旱生多年生草本植物组成的植物群落。——译注

自己动手设计

创造“生态群落交错带”来增加野生动物

- 你能提供的栖息地越多，你花园里的野生动物就会越多样化。
- 有些物种会定居在你重新创造的特定生境中，例如沼泽花园或草地。
- 各种各样的动物和无脊椎动物会在这些栖息地之间的交界处繁衍生息，这类区域被称为生态群落交错带。
- 小花园内不可能建立起整座林地，但可以在花园内建立一个由树木、灌木和高大禾本科植物组成的林地边缘种植带。这样的种植带可以作为一个生态群落交错带，并连接沼泽植物、浅水植物和水生植物，从而在有限的空间内极大地丰富生物多样性。

异国风情的造园方法

在一些寒温带地区，严重的霜冻和降雪天气是不多见的，所以在这样的人为小气候中，你可以在异国风情的花园里种植一系列亚热带植物。虽然许多植物并不完全耐寒，但城市小花园有着温暖且具有保护性的生态环境，这就足以令许多城市园丁为之欢呼雀跃了。

主导旋律

在具有异国风情的花园里，植物占据了主导地位。大叶芭蕉、枇杷（*Eriobotrya japonica*）或八角金盘（*Fatsia japonica*）拥有大型的叶片，这些典型的植物组合创造出了茂密丛林的效果；美人蕉和大丽花艳丽夺目，而较高的观赏草则允许更多的光线透射过去，为景色增添了动感；竹林在棕榈树旁茂盛生长，其高大的冠幅提供了一处私密空间。

用大叶植物创造丛林效果……

▲ 黄秆京竹（*Phyllostachys aureosulcata* f. *aureocaulis*）、新西兰亚麻（phormiums）和棕榈（palms）生气勃勃的组合，为这个小花园提供了一些必需的隐私空间。

自己动手设计

用丛林植物创造戏剧性效果

- 选择大叶和更具异国情调的植物，因为它们在你的花园里会格外引人注目。
- 用大而多肉的芭蕉属（*Musa*）叶片制造夸张的树叶造型。
- 高大的美人蕉（canna lily）那色彩温暖而鲜艳的串串花朵从布满条纹或革质的勃艮第（burgundy）红色的叶子中脱颖而出。冬天，用厚厚的木屑覆盖物保护它们的根茎，或者也可以直接将它们挖出来移到温室里去度过寒冬。
- 竹子具有高大的枝干和精巧的叶片，它们经常在微风中轻轻地沙沙作响。紫竹（*Phyllostachys nigra*）的竹节是黑色的，而黄茎雷竹的竹节则是金黄色的。

6 种设计异域风情花园的方法

- 狭窄的园路可以增加神秘感，或利用视觉技巧，让使用者认为园路的尽头是一处凉爽、荫蔽的地方。
- 密集种植的植物是为了掩盖界限，造成一种模糊感。这样一来花园的实际尺寸就完全被隐藏起来了。
- 注意你感兴趣的植物的耐寒性。一些园景植物或不常见的物种可能需要越冬保护。
- 引入一年生的夏季植物可以为花园增添色彩，将它们栽培在容器里，方便人们随处移动。其他纤弱物种也可以采用这种方式，这样它们就可以得到更好的保护。
- 有时，我们可以在建筑废料回收厂找到独特的家具和容器——也许能找到有着异国情调的孤品。或者，选定某个特定地区的风格，如泰国或中美洲，并相应地将花园打造成选定的异国情调。
- 在地面铺设天然材料。木材铺装是一个很好的选择，因为它踩上去总会让人感到温暖。风格粗放带有裂缝的铺装，或是未加琢磨的石材，也是典型的异国风情的体现。

擅长异域风情的花园设计师：德克兰 · 巴克利 (Declan Buckley)，雷蒙德 · 丛林 (Raymond Jungles)，威尔 · 贾尔斯 (Will Giles)。

铺装和墙

可以在围墙上种植攀缘植物，如凌霄花 (*Campsis*) 或大叶常春藤。色彩明艳的墙壁与大叶的灌木丛形成了鲜明的对比。

铺装可以是简单的砂石区或小路，也可以是砖和土石。大型的陶罐起到了装饰和增添色彩的作用，而跌水的设计增加了空间的湿度，其流动的声音更为小花园增添了神秘色彩。

▶ 巨大的裂叶芭蕉（*Musa basjoo*）营造了独特的异国情调。在寒冷的气候条件下，即使是最具耐寒性的物种——芭蕉，也是需要保护的，以免受到严寒的侵袭。

案例学习

创造一种风格

这是汤姆 · 斯图尔特 - 史密斯（Tom Stuart-Smith）为其伦敦的客户做的原创设计，这一案例很好地体现了房屋和屋主的生活空间，是如何在视觉上与花园联系在一起的。

这座现代化的联排住宅改变了住宅与花园之间的关系。一扇两层楼高的窗户，方便主人从生活起居室里欣赏花园的景色，并且设计者对花园的建筑处理也回应了这种空间的连续性。

宽大的玻璃门通向露台，露台与花园便连接成一个连续的水平面，这一设计模糊了室内外的空间界限。深色混凝土打造了具有中性色彩的铺装表面，其被水打湿后会如镜面一般倒映出景色。

植物和道路

严格挑选的植物物种，如蕨类植物、箱根草和黄杨构成了该花园的种植特色，而冠盖绣球（*Hydrangea anomala* subsp. *petiolaris*）则掩盖了围墙的边界。蜿蜒的小路拾阶而上，引领人们抵达座椅、储藏区和儿童游乐场所。

现代主义的迹象

现代主义的风格弥漫了整座花园，比如混凝土带来的现代风，以及主窗在水平 / 垂直方向的简洁性。明确果断的设计和简化复杂元素增强了纯粹的效果。

把设计理念带回家

- 选择种植具有独特纹理和形状的植物，它们能与简单的铺装表面形成鲜明的对比。
- 染色的混凝土和细长的硬木板栅栏强调了水平的方向。
- 花园与建筑明显地产生了联系，因此，可以将它们作为一个整体来欣赏。
- 使用当地砖瓦，既与房子的材料相匹配，又能与花园周围的大环境联系起来。
- 让妙趣横生的砂石小径穿过花园，以分隔座椅与游玩空间。

▶ 打开宽阔、简单的玻璃门，就能看到一个光滑的混凝土露台，这与内部地板的材质相呼应，模糊了室内和花园之间的界限。

现代主义丛林

高大的边界围墙上镶嵌的细长硬木板（1）为这个凉爽的温带城市花园提供了统一的背景。同时，攀缘植物将会柔化和绿化围墙。

软树蕨 (2) 矗立在空间中仿佛一座雕塑，它那高大而透光的树荫，散射阳光的同时又保证了私密性。

喜阴的金叶箱根草 (3) 像纺织地毯一般塑造了柔软的、波浪似的地被效果，与种植区域形成了鲜明的对比。球状的锦熟黄杨 (4) 则随机地散布在绿毯之上。

露台 (5) 使用的是深色、光滑的混凝土铺装，它经雨水洗刷后可以倒映出周边的景色。

◀ 狭窄的砂石小径蜿蜒穿过花园，将主露台与花园尽头用来玩耍和放松的木平台连接起来。

SMALL GARDEN MATERIALS 材质

坚硬的材质构成了花园的主要结构，提供了稳定表面供人劳动、行走以及休闲。它们还可以营造或定义一种设计风格，在加强环境氛围的同时，为花园提供“永不凋谢”的颜色和肌理。

在花园中，尽量不要使用过多的材料种类，这样花园才能保持必要的统一性和连贯性。通常一个花园中只需使用三四种材料，借此来增强它的统一性，并突出植物独特的观赏性。

过去，硬质铺装仅限于天然材料，但如今，可利用的材质范围越来越广，天然材质和人造材料正以更丰富的形式，在我们的花园中展现它们极其夸张的颜色、纹理和表面。

15 种利用材质的方法

1. 保持简单

不要选择过多的硬质铺装，特别是在面积较小的花园里。使用单一的材质铺装，会使花园面积看起来比实际更大。

2. 考虑尺度

小尺寸的铺装材质，如石板或鹅卵石，如果在小空间或室内空间里使用，效果会很好，因为它们为空间添加了纹理细节。与此同时，更大的石板将会简化空间，并带来更夸张的视觉效果。

3. 利用建筑

将房子或公寓的立面视为花园里不可分割的一部分，要让立面的材质与你的铺装或花园的边界能够相互呼应，比如使用相同的色彩。

4. 建立地基

花园内建造的所有表面铺装和结构，都需要地基来保持稳固和支撑。因此，地基必须被视为花园设计中不可或缺的一部分，虽然在花园建成后它们会被深深地埋藏在地下。

5. 了解工艺

在选择硬质铺装材料时尤其要注意，铺装的材质必须比建筑材料更加坚固，因为它们与地面直接接触，一直处于潮湿状态，还会受到霜冻的影响。地面只能使用铺装专用的砖，因为它们的密度够大，足以抵御霜冻，不会像建筑砖块那样易碎。

6. 检查水平高度

花园内铺装的高度将对其服务的建筑物产生重大影响。大多数建筑都有防潮层，硬质铺装必须铺设在防潮层以下，以防止潮气上升。

7. 关注雨洪排水

下雨时，需要通过铺装的路面进行排水。因此，路面铺装都要有一定的“下沉”——以细微的角度倾斜，来确保水顺利地流走。重要的是，必须沿着正确的设定方向将水排走，即远离房屋，使其流进花园，以降低房屋被水侵袭的风险。

8. 安装地下蓄水装置

有的铺装系统包括地下蓄水装置。一些国家的立法规定，必须以某种方式管理或控制前庭花园的径流，以降低爆发城市内涝的风险。

9. 研究服务设施

大多数花园内都具有各种形式的服务设施。通常情况下，在室内收集污水的排水管道会穿过花园，并且会在转弯处安装一个检修井孔，以便在排水管堵塞的时候能够进去维修。这些检修井的盖子对于路面铺装而言是个尴尬的困扰，但它们不能因此而被忽视掉，甚至被铺装彻底掩盖。

10. 选择可渗水的铺装

特别是在城市花园中，使用具有渗透性的铺装材料和渗水系统是非常必要的。这样雨水就可以直接渗入地下，而不是进入主下水管道。

11. 设计台阶

仔细评估台阶的设计方案，因为台阶往往伴有危险性。外部台阶应该比内部台阶低且宽。由于单个台阶很容易被忽视，所以在有高度变化的地方，台阶的级数最好多于一个。

12. 配合家具

设计目标是使你的花园家具和铺装、建材的颜色和风格相互协调。就如同选择雕塑一样——花园内的家具也应该兼具装饰性和功能性。

13. 建立坡道

坡道能够减缓高度变化，以方便所有人无障碍通行，然而，它们占用的空间要比台阶大得多，所以需要仔细将其结合到设计方案中。

14. 安装照明设施

灯光为花园增加了额外的维度——因为在夏季的夜晚，灯光延长了花园的使用时间，并且在其他季节，你也可以透过房屋的窗户看到灯光下的美丽花园。因此，少量而简洁的照明设计能为花园增添意想不到的效果。

15. 发现新材质

如今，有各种各样的材料可供花园使用，其中很多是人造材料，这些材料在一年四季都能保持色彩鲜艳，甚至可以改变城市花园的风格。如果可能的话，尽量在你所在的地方采购这样的硬质铺装材料，因为这样不仅可以减少碳足迹，还可以促进当地经济的发展。许多艺术家和工匠都在专门从事这样的园艺工作。

将材料作为一种设计工具

各种各样的材料看起来似乎都可以在花园里使用，这使得选择材料的过程显得格外艰难。但事实上，优先对材料进行选择可以大大简化设计的过程。

满足功能

花园内的硬质铺装可以为花园提供更加稳定、耐久的平台，使花园在任何天气下都能安全使用。它们还可以防止土壤侵蚀原本状态良好的道路，例如通往花园工棚和肥料堆的小路。厨房门外面的空间如果没有铺地砖的保护，可能会被磨损得特别严重。

坚固的铺装表面对于花园内的家具、栽培容器和雕塑来说也是非常有用的，因为它可以把负荷重量均摊到更宽广的区域并且更方便桌椅的移动。有纹理的表面也有助于防滑，而排水系统会让多余的水从铺装表面流走，这样可以减少积水并加快干燥过程。

▲ 木材是一种用途多样的材料。硬质木材可以随着时间自然风化褪色，也可以通过油漆上色，让其变得更有视觉冲击力。

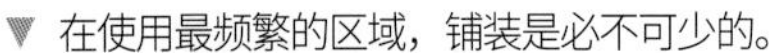

▼ 在使用最频繁的区域，铺装是必不可少的。

台阶和边界

用硬质材料铺设的台阶和坡道可用在有坡度和高度变化的地方。这种材料也非常适合建造隔断和竖直的构筑物。边界能够清晰地表明所有权，并维护主人的隐私。可以在花园中建立独立的墙体和隔断，以遮挡不雅的景色或伪装成存储设施。

永久的特色

硬质景观[1]除了功能性外，其自身还具有审美价值，它们是园林中特别的、永恒的特征。这类材料可以根据颜色来进行选择。比如，浅色的铺装材料，如石灰石，可以将光线反射到花园中，甚至可以照亮最阴暗的角落。如果是铺设在房子周围，这种材料也会将阳光反射到室内；深色的铺装材料，如玄武岩或花岗岩，不仅可以营造出一种深沉的氛围，使心情平静下来，而且可以强化植物的色彩。在潮湿条件下，这些深色的表面也会变得更加反光。有油漆涂层的金属和表面反光的材料可以呈现出更加生动的颜色组合。

光滑、简单的平面只有极少的纹理。可以通过锯开以及打磨石材，呈现出符合建筑原理和几何布

---

1 硬质景观是英国人M. 盖奇（Michael Gage）和M. 凡登堡（Maritz Vandenberg）在其著作《城市硬质景观设计》中创造并首次提出的概念。城市景观可以分为以植物、水体等为主的软质景观和以人工材料处理的道路铺装、小品设施等为主的硬质景观两部分。广义上说，除了城市绿化、水体和建筑物以外的有形物，都可认为是硬质景观。——译注

▶ 连贯、统一的色彩搭配贯穿了整座花园，创造出一种微妙的视觉效果。草坪与石条铺装相搭配，使花园的整体效果较为柔和。

局的规则表面。冰裂纹或者火烧纹的表面更具复古风和多样化的视觉趣味，投映其上的光影变化也是非常迷人的。其他较小的铺装材料，如鹅卵石、小块石板和砂石，可以利用它们天然的小颗粒属性或组合成小单元形式的铺装方法来呈现出纹理——拼接图案本身就具有高度的装饰性。

对比设计

可以选择能够与房子或周围区域融为一体或相互搭配的装饰材料，不过，风格明显不同的装饰会增强对比性，呈现出别样的趣味。

自己动手设计

重复的规律

一个可以简化和协调花园种植方案的关键方法，就是重复。

- 选择具有相同特征的主要植物，可以是相同高度的，也可以是叶子颜色或分枝方式相近的。将这些主要植物分散种植在不同区域，同时在每一个区域的旁边引进不同的物种，以实现多样化。
- 在关键区域摆放简单修剪过的黄杨盆栽，从而将所有的盆栽植物都统一起来，而边界区域的种植物则品种更为丰富、多样化。
- 尽量减少铺装材料的种类，并在花园的关键区域重复表现材质的细节或铺装方式。经过油漆上色的表面都应该与铺装的颜色紧密搭配。

如何选择你的材料

由于铺装是花园布局的重要组成部分，也是一项长期投资，所以应该仔细考虑铺装的选择。

选择你的铺装

铺装石板（有时被称为板石）有两种形式，分别是天然石材和人造石材，且基本呈矩形或正方形，这样的形状很容易排列成规则的图案，而且损耗很小。当然，不规则形状的板石也可以找到，一些专业公司会把它们切块，定做成不同的形状。

▼ 石材或混凝土板有不同的尺寸、颜色和表面。图中，它们随机拼接，形成图案。

自然石材铺装

石板的材质通常是砂岩、石灰石、花岗岩或玄武岩，但世界各地都有更广泛的选择。近几年，印度、中国和南美洲都出现了所谓的“新世界”石材[1]。在准备使用这些新材料时，要再三考虑材料的来源和质量。所有的石材都应该通过信誉良好的供应商购买，这些供应商可以解答诸如是否雇用童工、进口材料的碳足迹以及这些材料对当地气候的耐受性等问题。注意，有些材料在霜冻条件下很可能因吸水而碎裂。

约克石

在英国的花园中，使用约克石一直是种传统。这是一种生成在山顶上的砂岩，其颜色多样，从蜂蜜色或淡黄色到灰色和蓝色都有。随着年份的增长，约克石会分层形成一个断裂的表面，当地出产的其他砂岩以及从印度进口的许多石材也是如此。像所有的石材一样，约克石也可以锯开或打磨，其呈现出的平滑表面适用于当代风格的设计。

对于其他一些天然石材可以用火煅烧其表面，使表面产生人工分层的效果或是更加安全的裂纹图案。虽然许多进口材料的价格相当有竞争力，但天然石材通常比较昂贵。

人造材料铺装

约克石无论新旧都价格不菲，所以许多混凝土制造商试图模仿这种石头风化开裂的纹路，让人造石材具备一些约克石的特点，因为它们的价格更加低廉、更有竞争力。然而，由于这种混凝土的颜色是染上去的，所以它们往往会因阳光照射而褪色，并且，重复的表面图案也会使人们注意到石材是经过人工加工的。不过，这或许不能算作一个缺点。

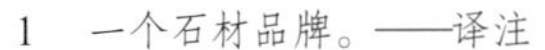

1 一个石材品牌。——译注

▲ 这里使用“旧约克石”来创建一个使人轻松的休息区，饱经风霜的石材被随机地拼接在一起，形成一种更柔和的乡村风格。

原地浇筑混凝土

虽然混凝土经常与现代风格联系在一起，但它其实是一种古老的人造材料。混凝土的主要成分是沙子、水泥和集成材料（或碎石），当与水混合时，这些物质就会产生一种类似污泥的液体，继而凝结成混凝土。

可以将液态的混凝土倒入一个模具内，或者直接铺设在地面形成铺装，也可以将其垂直浇筑形成墙壁。构筑物和更大面积的铺装则需要额外加入钢筋以增加强度，因为它是在原地浇筑的，所以这种混凝土被称作原地浇筑混凝土。

多种功能的混凝土

混凝土凝固前的液体性质意味着它可以填充任何模具或模板，可以将其制成正方形、矩形，或者各种弯曲的、角度不规则的形状。因此，混凝土是一种用途广泛的多功能材料，其表面可以与预制材料一样进行变形和加工。

大型混凝土土板的尺寸可达6米×6米（20英尺×20英尺），但混凝土在高温时会膨胀，低温时会收缩，因此大板块之间需要留出伸缩缝来，防止其开裂。接缝处可以铺设砂石，也可以设计成狭窄的种植带。至于能否现场浇筑混凝土，这取决于用来制造和浇灌混凝土的机器是否可以进入你的花园。

▲ 浇筑混凝土几乎可以制成任何形状的铺装，并辅之以多种多样的表层效果。

混凝土铺装

板状混凝土，或所谓的预制混凝土，也可以呈现出多种多样的表面——从平滑的、半抛光的，到有纹理的，有花纹的。有一种被称为“露骨料混凝土”[1]的产品，其中的细颗粒在混凝土干燥之前就被冲走了，最终在混凝土光洁的表面显现出骨料。这种混凝土具有极高的装饰性，因为作为一种天然色素材料，它不会褪色，而且，由于制造过程被严格控制，所以这种混凝土可以呈现出高品质的均一表层——不像天然材料一样具有自然的纹理。

1　露骨料混凝土简称透水露骨料，又称透水洗出石，是把表面的水泥洗去，露出底下的石子的工艺。这种混凝土表面并不平滑，但石子的颜色和大小可以控制。其中的“骨料”，亦称“集料”，是指混凝土及砂浆中起骨架和填充作用的粒状材料。——译注

▲ 砖是一种传统的花园铺装材料，具有各种各样的颜色和纹理，能够适应不同的园林风格。

▲ 由于尺寸较小，花岗岩小料石可以用来组成复杂、精美的图案。

铺装砖块

几个世纪来，砖一直被用作铺装、建筑和墙体材料。以前的铺路砖被称为“Paviors”，铺设时会在砖与砖之间的缝隙处抹上砂浆，用以加固表面。

近来，为了更好地与混凝土块铺装竞争，制造商们生产了一系列可以在细沙上严丝合缝地拼接在一起的铺装砖块。细沙被刷入砖块接缝时，经过振荡和压实，形成了一个结构牢固的表面。这种技术意味着铺装表面要保持弹性，而不是刚性的，所以它需要一个固定的边缘来保持形状。否则，随着时间的流逝以及使用次数的增多，铺装砖块可能会移动，从而导致整个表面解体。

花岗岩小料石

花岗岩小料石就是传统意义上的小块花岗岩，通常被用于铺设欧洲各地的街道和广场，偶尔也可以切割成矩形的块状花岗岩。它们的尺寸较小，所以适合铺设简单的镶嵌图案。

在花园中，小料石通常被用于铺设道路或小径，或者作为草坪的装饰边界。同时，它们也可以加固砂石松散的边界。

人造块状铺装

混凝土制造商已经生产了各式各样类似砖块和小料石的人造铺装，人们可以选用这些物美价廉的人造材料来替代天然石头或砖块。这种人造材料通常被铺设在细沙上，然后经过细沙的振荡、压实填缝后形成表面。由铺装砖块构成的环环相扣的图案，提供了最坚固、最耐用的表面。

砂石铺装

砂石是指所有的碎石，尤其是在松散状态下的，它是小花园里最经济实惠的铺装材料。砂石有各种尺寸或等级，从细沙、豌豆大小的颗粒到有些粗糙的碎屑不等。

除了作为宝贵的铺装材料，砂石还能很好地覆盖种植区域。它可以覆盖在土工布或除草膜上，有助于保持下面土壤的水分，并减少杂草的生长。没有任何其他硬质材料可以像砂石这样同时结合软、硬两种元素。砂石覆盖物还可以用来模仿一些地中海风格花园的特点，而在日式花园中，更细的沙土通常被铺设成各种图案。

维护松散的砂石

砂石具有移动性，因此需要将其边缘固定，以保证把砂石限定在一定范围内。条状或块状铺装都适合作为边界材料，或者如果想追求更精细的效果，可以使用木材或钢铁作边界材料。随着时间的推移，松散的砂石需要被重新梳理，并不断地更新或补充。

黏合砂石

为了形成更稳定的表面，可以将沙砾与黏土、水混合，并将其压实，形成较为粗糙且具有装饰性的表面涂饰层——级配碎石（一种由小卵石、细小颗粒和黏土混合而成的材料）。这些表面仍然需要边界来束缚，因为它们具有流动性，而非刚性的。

当下，树脂胶黏石变得非常流行。这种材料与沥青类似，实际上就是将你选择的砂石用透明的树脂黏合剂黏在一起。这种方法使得砂石本身的颜色得以凸显。树脂胶黏石是一种具有可塑性的浇注材料，所以需要边界来保持其形态，以防止材料的表面扩散和逐渐碎裂。彩色玻璃碎片或颜色鲜艳的橡胶碎片也可以用这种方式铺设，从而成为花园中颜色鲜明的存在。

这道螺旋形的墙面上镶嵌了富有纹理的石材。宽敞而平坦的压顶石在保护和装饰墙体的同时，也可供人们随意落座。

自己动手设计

铺设割草小径来最大限度地扩展空间

铺在草坪周围的小径可以解决小花园中一些潜在的问题。

- 小径可以是一条窄窄的过道，也可以更宽一些，像是行车道路那样，这完全取决于可用空间的大小。
- 可以减少草坪边缘的维护工作，因为在你使用割草机修剪草坪的同时，维护工作也顺带完成了。
- 原本的种植边界蔓延到草坪上，被阴影笼罩的草就容易枯萎，而铺装边缘将二者隔离开来，从而杜绝了枯草区的出现。
- 通过使用与露台和小路相同的铺装材料进行镶边，使得草坪在视觉上成为整个花园不可分割的一部分，而不是一个孤立的元素。

▲ 苔藓覆盖的石头、瓦片和涓涓细流，使这个以树叶为主的阴凉花园呈现出质朴、随性的特点，并充满了艺术的魅力。

鹅卵石

作为专业术语，“鹅卵石”一词是指在种植区域用作装饰性的护根覆盖物，或者是用在与池塘或水景相关的“海滩”上的卵石和松散的石头。

相比砂浆，鹅卵石是非常出色的铺装材料，当然，将其拼接成马赛克图案也是不错的选择。由于尺寸较小，鹅卵石能够实现一些复杂的设计。虽然对非专业人士来说，这些卵石看起来似乎是杂乱无章的，但实际上它们都有着方向感和独一无二的特征。当把鹅卵石的侧边朝上放置时，它们定向的纹理能构成整齐划一的外观；当把鹅卵石的顶端朝上放置时，它们的窄边会共同形成星星点点的彩色斑点；而当把鹅卵石的平面朝上放置时，则能够组成更多的有机图案。

铺设良好的马赛克鹅卵石可以最大限度地展现石材表面，完美掩饰下面的砂浆。

▼ 格栅笼内可以填充多种石材，如鹅卵石等，以充当挡土墙或座椅。

木制平台

虽然钢铁格栅或窄条木板等材料也可以将下面的框架结构覆盖起来制成平台，但人们通常会将平台与木材联系在一起。屋顶花园上被支起的木平台有利于排出表面积水。

木制平台主要有两种形式——硬木和软木。软木需要经过特别的处理来延长其使用寿命，通常比耐久的硬木便宜些，而一些硬木则更加坚硬且有弹性。

由于木平台可以高出地面，因此只需简易处理地面，使其平整即可，没有必要去做坚硬结实的铺装表面，这样就节省了时间和成本。此外，木平台可以与室内地板齐平，从而在入口处形成一个连续的平面。而木平台下面的空间有利于空气流通并烘干水分，即使大雨在房屋上溅起一些水花，房屋墙壁在木平台的作用下也不会太过潮湿。

在寒温带地区的冬天，当温度升高到足以适宜藻类生长时，阴凉的木材表面就会持续处于潮湿状态。潮湿加苔藓，这样的组合就会导致木平台表面变得更光滑。

▼ 硬木平台可以不经处理，任其随着时间自然风化、褪色。简化硬木平台的形状和图案，以便节约施工费用。

高度和栏杆

因为平台是一个升高的平面，所以它可能会侵犯到你的隐私，出于安全考虑，你或许也需要一个栏杆。

由于雨水和阳光可以穿透木平台，可以在木平台的下方添加杂草作为屏障，这样可以预防虫害。而防护格栅或维护墙也可以起到预防虫害的作用，否则老鼠或狐狸之类的有害动物就会在木平台下安家。

硬木平台结合中性的灰色挡土墙和常绿植物，以其简洁的线条在这个引人注目的小花园里构成了一种规则的对称。

在景色怡人的花园里，一个高出的露台，配上宽大的沙发，就构成了这个花园的焦点，同时也是一个供人欣赏周围环境的平台。优雅的遮阴结构与周围的植物共同组成了丰富的平面肌理。

处理高差变化

虽然没有任何一个花园是完全平坦的，但大多数小花园里的坡度都比较小。在某些情况下，高差是为了建立一个视觉焦点，或是为了将餐饮区或休闲区隔离开来而特意修建的。对于建立在斜坡上的花园，只有通过改变其高度才能获得平坦、可用的平面。这就需要修建挡土墙，并通过台阶或坡道连接不同高度的地方。

构建台阶

台阶是一种便利的设计，但也是一种潜在危险，可以通过它们来连接不同的高度，但对于行动不便的人来说，它们也是影响自由移动的障碍。台阶应该尽可能地架构简单、清晰可见。在可能的情况下，至少构建两级台阶，因为一级台阶很容易被忽视。

根据规定，台阶的踏步高度不应超过 150 毫米（6 英寸），而踏面宽度应该不窄于 300 毫米（12 英寸）。一般来说，台阶的踏步越宽，高度就应该越低。

建立坡道

坡道是连接不同高度区域的另一种方式，也是一种方便所有人使用的缓解高差的途径。坡道水平方向的长度与垂直方向的高差的基本比值（坡度）为 1:10，即每上升 1 米（3 英尺）的高度，水平方向的长度就至少需要增加 10 米（30 英尺）的距离。由于坡道会占用相当大的空间，所以在设计花园时，任何的高度变化都需要谨慎考虑。而在一些较小的空间内，最好的方法就是避免高度变化。

▶ 虽然花园中高低层次的变化增添了视觉上的趣味，但建造台阶和挡土墙将会增加造园成本以及设计上的复杂性。

挡土墙

挡土墙可以支撑起所有高于地面的区域，使其免于倒塌。只要严格遵循正确的施工方法，园艺爱好者就可以自行建造高度低于 1 米（3 英尺）的挡土墙。但对于高度超过 1 米（3 英尺）的墙体，最好还是去咨询一下结构工程师。

如果花园的土壤是黏土，土壤会随着湿度的变化膨胀或收缩，另外，若花园周围被邻近的建筑包围，那么邻近建筑物很可能会受到挖掘的影响。在这种情况下，专家的意见就尤为重要。有时，靠近建筑物的地方是禁止挖掘和制造高度变化的，如果你想进行这项工作，可能就需要双方达成一份“挡土墙协议”。

▶ 巨大的地面水平高度变化往往需要挡土墙来支持，不过也可以把挡土墙的厚度加宽一些，既能发挥座椅的功能，同时又能起到装饰的作用。

施工可能会对小花园造成的影响

越多的工程被引入花园，你就越需要计算它们可能造成的破坏。表层土应该被剥离并储存起来，以供日后重新铺设；因为铺装、园墙和篱笆都需要地基支持，所以挖掘沟渠、施工基面，以及铺设排水管道等工作也要相应地进行。

对大多数小花园来说，这种程度的破坏都是一个挑战。此外，许多小花园只能通过房屋进入，所以所有材料的运输都必须通过房屋。运出来的材料也要考虑垃圾如何处理的问题；而关于运进去的材料则要考虑设施和植物的大小，因为房屋的门会限制它们的高度和宽度。

对于屋顶花园来说，这些问题因高度和进出通道的限制而变得更难解决，因此在购买材料之前就要对这些困难进行评估。如果你雇用了一个承包商，那么就要留出高于一般估价的预算给劳动力，因为大部分的工作都是由人工完成的——工人们要手动将材料分装到小袋里运输。

装饰花园

除了花园的基本结构外，还可以开发和利用其他材料来增加花园的独特性和趣味性，尤其在当下，建筑已经成为花园设计方案中的重要角色。这意味着设计正变得越来越丰富多彩，并且富有表现力。因此，不锈钢、耐候钢、丙烯酸树脂、玻璃以及各种涂层已经出现在现代花园中。

有年代感的材料

随着室内空间装修品质的提升和涉及范围的扩大，各种各样的着色剂和油漆开始被广泛使用，花园家具的风格和材质也变得更加丰富多样。

如今，雕塑和家具之间的分界线越来越模糊，先进的室外厨房和颇具时尚感的烤架也加强了这种一体化家庭生活空间的感觉，而不是使内外空间泾渭分明。室内共享的居住、烹饪和用餐空间，在花园里也同样适用。

灯光效果

不要在小空间内过度安装照明设施，这一点非常重要，但高光和阴影的交汇确实可以产生一种令人惊艳的效果。精准照射的光可以赋予园景植物活力，并投射出富有动感的阴影和侧影。精巧的投射灯、地灯或聚光灯都可以达到这种效果。LED 照明和光纤照明的出现也令照明设备变得更加小巧且灵活，它们微小的光亮可以在路面、墙壁、木平台和台阶上创造出壮观的灯光效果。

▲ 花园照明设施形状多样，大小各异。可以选择风格大胆，或富有东方特色和工业风格的地面特色灯。

自己动手设计

点亮小花园的 5 个技巧

- 引人注意的是照明效果而不是灯具本身。
- 对于小空间来说，用投射灯柔和的光线照亮垂直的墙面可能已经足够了。
- 挑选有纹理的表面来搭配向上或向下的投射灯，比如砖墙或石墙，从而凸显材质的特质。
- 在有高度变化的地方，请使用台阶灯。连接灯的电线可以埋进铺装悬挑[1]下面的凹槽中。
- 聚光灯可以照亮主要植物或者焦点，侧面照明在显示形状和表面纹理方面有意想不到的效果，而置于树冠上方的聚光灯则会洒下大量斑驳的光晕和树影。

1 悬挑为建筑施工专业术语，是工程结构中常见的结构形式之一，这种结构是从主体结构悬挑出梁或板，形成悬臂结构，如建筑工程中的雨篷、挑檐、外阳台、挑廊等。——译注

特别是在小花园里，像这样的金属、玻璃和建筑材料，奠定了富有挑战性和充满活力的现代风基调。

用编织的柳条装饰木板种植床，与这个物种丰富的蔬菜花园浑然一体。种植床之间的空间便于人们进出和采摘。

案例学习

运用材质

在这座郊区花园中，设计师约翰·布鲁克斯（John Brookes）解决了许多对小空间造成影响的高差问题。

这个场地的形状奇特，边界呈多边形并且有高度变化。原有的果园树木赋予花园一种年代感，因此保留了场地原始的高差。

长方形的铺装以其棱角分明的形状为花园提供了新的焦点，而茂密的植被则遮蔽了花园的边界。花园的中心是台阶，它正邀请你去探索更高处。

一致的感觉

对铺装、台阶和水池周围的砌筑砖块采取相同的处理方式，使得它们形成统一性。在宿根植物和大型灌木进一步柔化设计之前，黄杨树篱巧妙地呼应了场地的轮廓。木制座椅和红陶花盆延续了这种柔和、中性的色调，为植物的色彩和纹理提供了背景。

▲ 简单的砖石悬挑在台阶上形成一条阴影线。这种“浮动”的设计强调了高度上的变化。

▼ 一道油漆上色的格栅门廊将这个花园中的光影构图框在其中，它将人们的视线引向最遥远的角落。

把设计理念带回家

- 色调简单的砖和砂石可以凸显植物的色彩。
- 连贯的色彩搭配——伦敦耐火砖和棕色沙滩砾石——给人统一的感觉。
- 好好地利用水平高度的变化，而不必改变其材质。
- 悬挑的台阶投下了一条阴影线，增加了安全感和视觉趣味，赋予砖块一种“飘浮”感。
- 形状分明的几何图形贯穿整个花园，从而保持了设计上的连贯性。
- 像砖块这类纹理较小的铺装，即使没有草坪的衬托也足以让人眼前一亮。

几处隐藏的惊喜设计一点点揭示了花园的特色……

统一与简洁

界限分明的矩形铺装区域（1）和种植床（2）在不规则的场地上成了视觉焦点。宽阔的边界和成熟的树木使植物占据了主导地位，并柔化了整个空间。

园路（3）宽敞而大方，在上层使用同样的砖块进行铺装，既方便布局座椅，又使整个花园有一种行云流水般的连贯感。

在砂石（4）上，植物可以自行传播育种，从而营造出了一种较为随意的氛围。颜色均匀的砂石完美地融入了整体的设计中。

SMALL GARDEN BOUNDARIES 边界

边界明确了花园的所有权并且界定了花园的范围。在小花园里，边界可能会成为限制性的元素，因为它会投下阴影，所以格外显眼，而且隐隐伴随着一种压制感。不过，边界也保护了小花园的私密性，就像屏风一样，尽管边界的高度可能会受到当地管理部门的限制。在建设边界时应该仔细权衡它们的优缺点，以便为你的特定场地找到最佳解决方案。

为了降低影响，既可以突显并强调边界的标志，也可以将其掩饰。垂直绿化是花园边界绝佳的柔化剂。当然，最重要的是，你应该依靠你的想象力去设计边界，因为它们可以改变整个花园。

15 种设计边界的方法

1. 巧妙利用颜色

火热或明亮的颜色会强化边界，使空间看起来更小。而冷色或深色因为看起来模糊不清、不好界定，所以会在视觉上增大着色区域。

2. 为野生动物留出空间

在设计边界时，你需要考虑为野生动物留出进出花园的通道，还要考虑边界是否可以成为它们很好的栖息地。其实，由多种本地植物组成的树篱对野生动物来说就是最好的栖息地，它们可以很好地代替过去 50 年中那些被农民砍伐掉的植物。

3. 建立统一感

在花园中使用风格一致的边界有助于形成统一感，并确保人们的焦点集中于花园自身的特色而非边界。

4. 核查围栏所有权

一般来讲，当你面朝花园而立时，右边的边界通常是属于你的，而左边的边界则归你的邻居所有。不过还是要记得确认房产契约上关于所有权的细节。传统的做法是，将围栏框架结构的那面对着自己的花园，而另一面，即更有吸引力的一面，应该展示给你的邻居。

5. 掩盖边界

攀缘植物是隐藏边界的绝佳选择，而且能够节省空间。不过也要看你选择的攀缘植物是如何生长的（见第 105 页），有些攀缘植物，如冠盖绣球花会通过吸盘附着在墙壁和砖块上，但碰到木栅栏时，它们的效果可能就差强人意了。

6. 避免纠纷

一些边界可能涉及有防潮垫的建筑物，此时你的花园里的任何高差变化都不能破坏它们。未经对方房主的许可，不得将任何东西贴在这些墙壁上，也不得在附近挖掘。

7. 对不同的材料做统一化处理

如果你的花园里有许多不同类型的围栏，可以通过油漆上色来使它们相互协调。黑色或深绿色的着色剂将减少边界对花园的影响，并且突出你在种植方面的设计。

8. 考虑树篱问题

树篱通常宽 0.75 米（2.5～3 英尺），这对于小花园来说已经占

用了太多的空间。从花园内部对树篱进行维护是很简单的，但是如何修剪树篱外侧就需要好好考虑一下了，小花园中往往不会额外留有可以抵达树篱两侧的维护空间。也许你可能期待你的邻居会维护朝向他们那一侧的树篱，然而他们未必会这么想。

9. 利用编织树篱营造私密空间

在私密性很高或者需要高大屏障的地方，编织树篱通常是一个不错的植物解决方案。这些被修整成形并编织在光秃树干上的树篱，都可以在专业苗圃中买到。如同普通树篱一样，你也要考虑该如何靠近和维护这种编织的树篱。

10. 修整植物

一些攀缘植物，如常春藤，可以利用它们自身的气生根抓住墙壁；另外一些，如铁线莲，则使用卷须攀爬，所以需要格栅或钢丝支撑。把格栅固定在支撑物上，使其与墙壁之间留出空间，以便植物能够在其上缠绕攀爬。使用羊眼螺丝钉可以把钢丝固定在墙壁上面，并保留一定间隔。将爬墙灌木或果树（见上图）束缚在这些支撑物上，这样就可以把光秃秃的墙壁利用起来。

11. 竖立栅栏

栅栏占用的空间比围墙少，适用于有成年植被的情况。支撑柱需要单独的地基，可以在现有的植物的根之间打桩，而不必在围墙下面铺设连续的柱状地基。

12. 堆砌围墙

围墙比栅栏经久耐用，但成本也更高。它们隔绝了邻居和外界的视线及噪音，为我们的隐私提供了额外的保护。

13. 种植鲜活的边界

不断发展、更新的垂直种植技术告诉我们，边界也可以是绿色的、有机的，尽管它们仍然依赖于框架结构。

14. 竖立栏杆

如果你正在设计屋顶花园，那么出于安全考虑，你需要安装栏杆。依照标准，栏杆应该比屋顶花园地面高出 1.1 米（43 英尺）。与此同时，你还应该与结构工程师一起核查你的屋顶，以确定它是否适合改建成屋顶花园（见第 18—19 页）。

15. 核实相关规定

如果你居住在受保护的历史建筑或自然保护区内，那么花园边界的特定材料、高度和表面装饰可能会受到法律的限制，并且在某些情况下，对于种植的植物种类也会有规定。所以请与相关的管理部门核实此类问题。

边界基础

如何定义你花园的范围，取决于它是否有现存的边界，又或者，它还是一个新建立的房产，边界尚未标记清楚。

新开发的房产

在搬进来之前，你最好先和开发商讨论一下花园边界的材料，以确保他们不会使用廉价、易坏，甚至连冬天的第一场风暴都经受不过去的隔板作为边界。另外，这些隔板的高度通常为 1 米（3 英尺），基本上无法保护隐私，所以需要更换成高度为 1.8 米（6 英尺）的或紧密排列（见第 108 页）或板条轮换交织的栅栏（见第 109 页）。

▼ 得益于颜色的变化，仿旧的墙壁装饰面可以在小空间内增加景深。这里的常春藤也增强了这种效果。

现存的围墙

应该仔细评估这些现存围墙的沉降[1]或墙根的磨损情况，因为这些情况都可能破坏地基，甚至使墙体倾覆。高到足以保护隐私的砖墙应该有两块砖那么厚，然而，即使是这种坚实的结构，当其暴露在外时仍然有被强风吹倒的风险。如有必要，应该加固墙体或增加墙垛来增加其强度。

如果共享边界处于年久失修的状态，即使是归邻居所有的那条边界，你也有必要主动提出负责更换，因为这样不仅可以保护你的花园、维护隐私，还能够保证视觉上的统一性。或者，如果空间允许，你可以直接在边界的前面安装围栏或格栅屏风，从而使整体风格更加和谐。

如果在你计划建立围墙的附近种有成年植被或者有延伸过来的根系网络，那么你可能要在墙体结构中使用过梁[2]来跨越主要根系，以防止挖掘地基时破坏植物的根系。

1 沉降：在建筑物荷载作用下，地基土因受到压缩引起的竖向变形或下沉。地基基础设计时应对沉降进行估算。——译注

2 过梁：当需要在墙体上开设门窗或洞口时，为了支撑洞口上部砌体传来的各种荷载，并将这些荷载传给洞口两边的墙体，常在门窗或洞口上设置横梁，该梁称为过梁。——译注

现存的栅栏

检查所有栅栏木质部分的腐烂情况。与地面接触的木材往往会率先腐烂，这会削弱栅栏的整体结构，降低安全性。如果主要的木材支撑结构是埋在地里的，那么它们就更容易遭到腐蚀。沿着栅栏板的长边加上一块挡风板就可减少单块栅栏板的损坏，同时也能尽量减少附近场地的杂草侵扰。也可以把挡风板安装在格栅架上，这样既完美地充当了边界，同时也提高了花园的透光性，对攀缘植物更起到了支撑作用。许多定制的格栅都配有装饰图案，有的还会用更小的窗口或间距来保证其私密性。

这些边界兼具建筑特征和植物特征，柱状的鹅耳枥树篱遮挡和柔化了边界。低矮的座椅也加强了私密性。

▲ 一面由天然石材堆砌起来的围墙，各种多肉植物、苔藓和小型蕨类植物点缀其间，在石缝里安了家。贴面石材也能达到这样的效果。

边界材质

从传统上来讲，花园的边界一般是用砖头或木材建造的；如果就地取材的话，偶尔也会使用到石材。

木头栅栏

木材往往因为价格便宜、操作简单、安装迅速等优点而备受青睐，但它需要混凝土作为地基，且需要定期维护来延长其使用寿命。虽然硬木的使用寿命更长，但相应地成本也较高，因此大多数用作栅栏的木材都是经过压力处理的软木。直接接触地面的木材会因受潮而更容易被腐蚀，不过，如果利用钢钉来连接木桩与地面的话，就可以将早期腐蚀的可能性降到最低，如此一来就可以不需要混凝土地基了。

所有用作栅栏和格栅的木材都应该由木材检查站等相关管理机构认证，确保其来源正规、可靠。

栅栏风格

大多数栅栏由垂直的木桩组成，中间用两三根横向栏杆将其连接在一起，以钉子或螺丝固定住，从而形成栅栏结构。

密排栅栏的竖直木板可能排列紧密，或者重叠在一起。通常起支撑作用的木桩之间的距离为1.8～2.4米（6～8英尺），具体情况要根据所选择的栏杆和木桩的宽度而定。

板条木栅栏的框架与密排栅栏类似，只是在竖直板条之间增加了一些50毫米（2英寸）宽、间距狭窄的横向木条。这种木栅栏拥有更加时尚、现代化的外观，强调了横向的线条，与自然生长的植被形成鲜明对比。

边界在日本园林中扮演着重要角色。图中，复杂的竹编图案和花纹强调了它们的自然特征。

在板条轮换交织的木栅栏中，板条交替着固定在支撑框架的两侧，中间留有空隙。如果你想要更换共享边界，可以考虑这种栅栏，这样你和你的邻居就能享有同样的边界外观。将木桩或木板沿着边界线倾斜一定角度（就像百叶窗那样），你就可以在保证一定隐私的同时，从特定角度欣赏栅栏对面的风景。另外，阳光通过这种方式穿过栅栏进入花园，也降低了阴影对花园的影响。

格栅

另一个减少阴影的好方法就是使用格栅。大多数格栅都是预制板，不过也有一些制造商会接受定制。一定要选用最坚固的格栅，因为轻质格栅面板难以承受植物的重量以及狂风的侵袭。

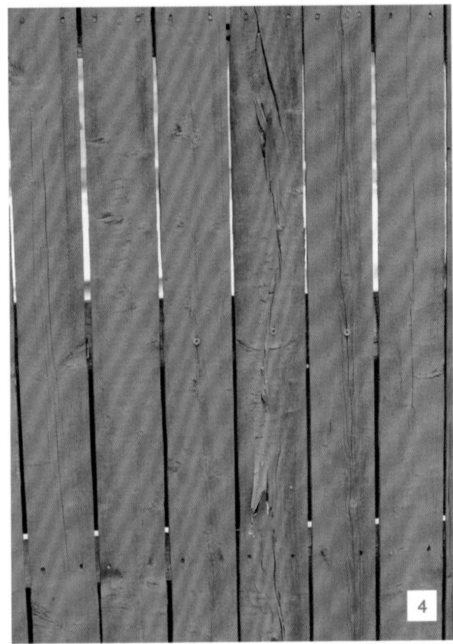

可供选择的木头栅栏

1. 用榛木或柳条编织的围栏，其树枝间的缝隙能够支持攀缘植物生长，从而形成了一个有机的自然屏障和边界栅栏。

2. 这种由竖直的橡木条板编织而成的栅栏构成了带有规律的图案且半透光的边界。

3. 劈开的竹子被编织成了纹理分明的屏障，既可以透过微光又可以让人瞥见远处的风景。

4. 密排栅栏通常是用软木制造的，可以为其涂上木料染色剂，在对木材起到保护作用的同时，也能使其与花园其他部分的颜色相协调。

园墙

如果你围绕花园建了一堵墙，那么房子和花园墙体相接的地方就需要一个膨胀节[1]，也可以是一扇门，把建筑物和园墙分隔开。不要让花园的墙体和你的房屋紧密相连，因为二者的结构、材料不同，受环境和温度的影响热胀冷缩的程度也不同。

不美观的墙壁可以用板条覆盖——可以将板条固定在水平木条上，然后一起安装到墙上。不同尺寸的木板或板条可以混合使用，随机搭配。

1 膨胀节：亦称为补偿器或伸缩节。是为了补偿温度差与机械振动引起的附加应力，而设置在容器壳体或管道上的一种挠性结构。——译注

砖墙

砖是传统的园林墙体材料，以砖为原料建造的结构具有坚实、安全、持久等优点。砖墙通常由混凝土作为地基支撑。

园墙所用的砖块应尽可能与房屋或当地风格相匹配，例如，伦敦就以米色和黄色的砖块而闻名。通常较便宜的普通砖会被铺设在地面以下，而更昂贵的砖块则用在地表之上。有时也会在地面以下使用混凝土砌块。

防潮

无论是墙顶还是墙根，墙体在这两个部位都很容易受潮。为了防止土壤中的潮气上升进一步损害墙体结构，需要在地面上铺设一层防潮垫。防潮垫可以是人造隔层，也可以是工程砖或板岩。

除非有“压顶石”[2]保护，否则墙体的顶部也会被雨水侵蚀。可以选用专门的压顶石材料，也可以使用工程砖作为一种特色压顶石。一些压顶石会比墙体稍宽，这样一来雨水就可以顺着悬挑滴落而不是渗入墙体。除此之外，瓦片和石板也是不错的保护墙体的材料。

在缺少防潮措施的情况下，砖墙会随着水分的渗透而变得斑驳，虽然肆意生长的苔藓和地衣会使墙面看起来更具年代感，但墙体的使用寿命也将因此而缩短。另外，霜冻环境也会破坏墙体及其结构。

2 压顶石：墙体顶部的覆盖层，通常呈一定角度，用来排水。——译注

自己动手设计

小花园内的声音

- 在城市花园中，声音污染是一个主要问题，坚实的边界（如墙体）比植物墙或栅栏有更好的抵挡噪音的效果。
- 可以使用隔音效果好的边界，但这会比一般的墙体和栅栏占用更多空间。
- 可以利用花园里的声音来分散注意力。流动的水，如喷泉或小瀑布跌落在水池中会发出声响，也会碰撞到墙体或洒在排水的铺装上，从而发出声音。
- 竹子、桦树或白杨等植物会在微风中发出沙沙的低语声，高大的观赏草也会随风发出声响。

这面色彩斑驳的坚固的边界墙，由二次回收利用的砖块建成，与风化的木平台相映成趣。墙上的压顶石和其上覆盖的瓦片延长了墙体的使用寿命。

在这个小空间里，经过深色油漆粉刷的围墙完美地充当了背景，将植物和浅色的铺装衬托成视觉中心。

砖墙的图案

砖有平面、侧边和顶端三个部分。在大多数墙体结构中，砖块都是以平面为基础叠加摆放的，并配以某种形式的楔形交错图案来增加墙体的强度。用砖块的侧边砌成压顶石，可以使密实的砖砌层更好地排水。

砖的尺寸刚好适合用 10 毫米（0.5 英寸）的砂浆[1]进行接缝，从而使砖与砖之间以及上下每一层（或排）之间能整齐、紧密地排列在一起。

最常见的铺砖方式是工字铺[2]。其他一些铺砌方式，比如佛兰芒纹理[3]和英国花园纹理[4]，都是由工字铺变换而来的。花园墙的纹理最好能与房屋砖墙的图案或当地普遍使用的砖墙图案相匹配。

1　砂浆：是建筑上砌砖使用的黏结物质，由一定比例的沙子和胶结材料（水泥、石灰膏、黏土等）加水和成，也叫灰浆。——译注

◀ 这片洒满阳光的炽热的红陶土墙与其前方金边龙舌兰的（*Agave americana*）矛状叶子形成了妙趣横生的对比。

染色的墙

如果需要体现当代风格，可以将墙体染色，通过平涂的方式使墙体表面变得光滑。这类墙体通常由染色的混凝土块构成。或者，可以使用天然染料为墙体着色，这种天然染料通常比较耐用，不需要重新上色。

墙角以卷边装饰来界定墙壁的边缘，而底部的卷边则是为了防止染色剂与地面接触。

防水染料可用于墙的顶部，当然压顶石也有助于排水。

2　工字铺：砖的边缘面向外，砖与砖首尾相接，排成一排，相邻排上下两砖之间再错开半块砖。——译注

3　佛兰芒纹理：砖的边缘面和顶端面交替向外连成一排，相邻排之间再错开半块砖。——译注

4　英国花园纹理：砖的边缘面向外首尾相接，排成一排；砖的顶端面向外首尾相接，排成一排；两种方式在行排中交替出现。——译注

石墙

作为一种坚固的结构，石墙已经渐渐成为历史，这是因为其使用的材料较为昂贵，且往往需要能工巧匠才能铺砌。边界墙的两边都应该被好好修饰——因为你的邻居会看见朝外的那一面。如今，石材通常被用作混凝土砌块墙的外层装饰，常见于花园内的隔断或装饰墙上。光滑的边界墙与富有石材纹理的隔断墙混搭，可在花园内产生强烈的视觉对比。

边界植物

植物可以很好地用来划分花园的边界，但也会比墙或栅栏占用更多的空间——树篱通常会长到 1 米（3 英尺）或更宽——可能不适合在一个小花园里种植。比起低矮的树篱，高大的树篱可以更好地保护私人空间，但同时也造成了更多阴影，从土壤中吸收的养分和水分也更多，有可能会对你的邻居造成干扰。边界树篱的高度不受控制（不像建筑物，比如墙，有固定的高度），许多业主需要的是安全的边界，而大多数的植物边界不符合这一标准。

树篱大战

20 世纪末，利兰柏（*Cuprocyparis x leylandii*）树篱风靡一时，然而出乎意料的是，其生长速度给许多园丁造成了巨大的困扰，因为这种植物的生长能力已经超过了业主的维护能力，还因此引发了许多邻里纠纷——高大密集到令人难以置信的边界篱笆遮住了邻居的花园以及房屋。即使进行大幅度修剪，依旧无法有效控制这种物种的生长。一些国家已经明令禁止种植这种树篱，并鼓励将其移除。

攀缘植物

攀缘植物非常适用于柔化边界以及统一花园风格，尤其是当小花园内重复种植同一种攀缘植物时，效果会更加突出。一些攀缘植物，如常绿铁线莲，可以在背阴处生长，它们身披柳叶般狭长的树叶，盛放着芳香的云彩般的花朵，令你的墙体或格栅四季常青。在设计你的种植方案时，要考虑到这些植物的生长速度，以及每种植物是否能在场地中和谐统一。在柔和且连贯的边界背景下，其他的植物才能更好地登上舞台。

图中，砖墙很好地阻隔了外界的声音和视线，营造出私人庭院的氛围。攀缘植物、其他各类植物以及流水皆柔化了刻板的墙面。

◀ 修剪过的红豆杉树篱，分散了人们对房子和边界的注意力，在花园里创造出了多层次的屏障和空间。

垂直绿化

在建筑物和墙壁上种植植物这一手法自 20 世纪初开始流行，尤其适用于小花园，法国设计师帕特里克 · 布朗（Patric Blanc）在其推广方面发挥了重要作用。一系列的辅助系统，如灌溉袋、营养袋或水槽，被用来与种植物相结合。这些种植系统一般被固定在一个坚固的结构上。

将这一种植手法与香草、番茄、水果和沙拉作物或纯粹的装饰类植物结合起来，能够发挥更多的作用。较高的种植位置往往有利于耐干燥、喜光照的物种，而较低的种植位置则更适合耐潮湿或喜阴的植物。

大规模的垂直绿化系统可以作用于房屋和公寓，在那里，支撑结构和墙壁之间的空气具有极佳的保温作用。

边界旁边的植物

如果将大量植物组合种植在边界的前面，就可以有效地模糊、掩盖边界（见第 36 页），使花园看起来更大。在空间狭小的地方，一个富有层次感、规划良好的大型种植床，要比围绕花园种植的一系列小型种植床效果更佳，后者只会使场地看起来更局促和狭窄。另外，通常会利用纵向生长的大叶植物或有趣的建筑形式来转移视线。

自己动手设计

通过叠加攀缘植物来覆盖墙面

如果想绿化墙壁或边界，那么种植攀缘植物是一种较为简单的方法，但大多数攀缘植物更倾向于从表面竖直向上生长。

- 将植物按照扇形布局种植，以确保更好地覆盖墙面。
- 选定一些枝条将其下拉至土壤表面，并用金属桩或石头固定，将枝条如此放置一段时间，使其生根。新长出来的植物可以扩大原有的覆盖面积，或者，也可以切断分生出来的根苗，将其移栽到其他地方。
- 大多数攀缘植物（如常春藤或攀缘绣球花）都具有攀缘根[1]，在与土壤接触后会自然生根。可以将其原地保留或者有选择地切断。

1 攀缘根：气生根的一种。——译注

经过修整后，垂直向上生长的植物在视觉上柔化了支撑它们生长的边界墙和屏障，增加了地面的可使用空间，并且引入了更加多样性的植物。

远离边界墙的一道廊架营造出了景深感和视觉趣味，在遮挡边界墙的同时，还可以通过控制其高度和选择植物来增强私密性。

案例学习

精心布置的边界

在这个位于伦敦西南部的庭院花园中，设计师玛丽亚·奥博格（Maria Örnberg）使用植物作为花园空间的主背景。

花坛使植物远离线条简洁的中央空间，这样就可以灵活地将中央空间布置成休闲区或者户外娱乐区。

选择植物的色彩是为了强调叶子的纹理，如高大的、优雅的中国芒草（*Miscanthus sinensis*）和密集种植的大戟科植物[1]。与此同时，圆锥绣球（*Hydrangea paniculata* 'Limelight'）那黄绿色的夸张的花朵，作为当季的亮点成功地吸引了众人的目光。

在花园的另一端，除了花园周围的边界格栅，高大的鹅耳枥编织树篱也提供了额外的绿色屏障。围栏的高度可能受到了法律的限制。在这种情况下，需要考虑到编织树篱的维护工作，因为很难从外侧接触到树篱。

一个延伸的房间

房屋的后墙通向花园，构成了一个理想的夏季娱乐空间。夜晚，装饰性的灯光会进一步提升这个空间。可以在空间内随意摆放些有趣的装饰物，从而创造视觉焦点。

把设计带回家

- 植物能够柔化和遮挡现有的边界。
- 包括鹅耳枥编织树篱在内的较高的植物，增强了花园的私密性。
- 中性的灰色降低了围墙对花园的影响，并使颜色和材料看起来协调、统一。
- 尽可能地留出花园的地面空间，将其设计成娱乐空间或功能空间。
- 选择单一的铺装材料使焦点集中在植物上。

▼ 自房屋后墙打开的双折门使整个娱乐空间变得更加宽敞，室内和花园之间的界限变得模糊了，看起来就好像是花园的景色蔓延到了室内。

1 大戟科植物：形似乔木、灌木或草本，植物体常有乳状汁液。分布于全世界，以热带地区为多，在我国主产于长江流域以南各地。——译注

简洁和私密是这个优雅、休闲的庭院的关键……

在这个灵活、实用又非常封闭的空间中，大部分的重点都放在了对边界的处理上。

高处的鹅耳枥编织树篱（1）是花园柔和的视觉屏障，遮掩着周围的房屋。

格栅（2）被竖立在两侧的边界上，攀缘植物攀爬其上，在柔化边界的同时又掩挡了周围的建筑。

墙壁、格栅和种植池都被油漆粉刷成同样的灰色（3）。

黄杨（4）、羽毛状的中国芒草、芦苇草（*Calamagrostis*）和圆锥绣球被简单地组合在一起，呼应了大戟科植物那黄绿色的早春花序——为空间增添了光彩和灵动。

从墙上的喷泉（5）涌出的涓涓细流发出清脆的流水声，掩盖了城市的喧嚣。

◀ 装饰细节，例如这种釉面的蜡烛灯笼，不仅呼应了花园的基本主题，它发出的微光还提升了空间内的氛围，让人心情愉悦。

SMALL GARDEN STRUCTURES 构筑物

花园的构筑物可以只具有纯粹的功能性，也可以更加随意一些，偏向装饰性。但如果空间狭窄，那么花园里的构筑物就需要同时满足以上两点。

储藏柜或工棚是花园内存放工具、家具和烧烤架的地方，自行车或花盆可能也需要存放地点。随着越来越多的废物可以被回收利用，你可能需要好好规划一下储存空间，使其既方便存取，又与花园的风格相匹配。

廊架可以用来遮阴、逃生和进行垂直绿化，把办公场所设在花园里也可以节省出一部分室内空间。亦可搭建眺望台或凉亭，使它们成为花园内的焦点。

15 种使用花园构筑物的方法

1. 掩盖工棚

一般来说，花园工棚已经足够满足大部分的室外存储需求。工棚一般选用软木建造，既实用又耐用，将其粉刷成黑色或深绿色，就可以使它们退居为背景板，看起来也会更小巧些。植物或格栅可以掩饰或遮挡这类构筑物，设计成单坡顶[1]则可以将工棚的高度控制在较低水平。

2. 嵌入式橱柜

把花园里的垂直墙面利用起来打造存储区域，也可以将储物柜

设计成嵌入式来节省空间。选用板条木材作为原料更能凸显建筑的品质。

3. 升高木平台

如果木平台能高出水平地面，就可以利用下面的空间进行储存，不过这样的储藏室必须注意防水。可以在平台上设置暗门以方便使用。

4. 探寻新的种植区

花园里的所有平面都可用来种植。窗台、储存单元或垃圾桶的顶部可以用来种植沙拉作物或香草，甚至垂直的墙面如今也可以被用作种植区。

5. 保证廊架的规模

应该把这类构筑物作为花园整体设计的一部分来仔细考虑。廊架要足够高大、坚固，才能更好地支撑攀缘植物以及方便人们在下面自由行走。在大多数花园里，现存的廊架通常结构都很脆弱，规模也不够大。

6. 尝试条状储存室

对于空间非常有限的花园，也有各种各样的方案可以解决存储问题。例如，可以将一个狭小的橱柜或半高的工棚屋做成长条形状，安装在花园的墙壁上或者装饰种植区的后面。

---

1 单坡顶：中国古建筑屋顶样式之一，多为辅助性建筑，常附于建筑的侧面。——译注

7. 廊架的多种用途

一些廊架是为了支撑攀缘植物而设计的，另一些则更适合用来遮阳或作为一处框架构筑物，例如户外就餐区。可以为廊架装上窗帘或百叶窗，既强化了遮阴效果，又增添了私密性。在某些情况下，这些遮光设备也可以是自动化的。

8. 检查拱门位置

拱门或其他框架结构可以在较小的空间里有效地框景[1]，因为它们可以突显出一个绝对的焦点，指向一条路或一个入口。要确保拱门的规模和比例足够高大，这样才能引人注目。

9. 构建玻璃暖房

如今出现了各种各样适合在小空间内建设的温室。一些温室的结构以边界或房屋的墙体作为支撑，有效地遮挡住了一半的空间。另一些则建在可转动的底座上，以便植物向光生长。对于固定的温室，请务必确保其朝向正确（见第127页）。

10. 考虑花园办公室

随着工作模式变得越来越灵活，在花园里创建办公场所的概念越来越流行。一定要确保花园办公室的大小符合当地的规定，并且其密闭性要足够好，可以全年使用。

11. 加建温室

温室和其他花园房间都是光线充足的空间，即使遇到恶劣天气，你也可以在里面欣赏花园。这些构筑物可以是独立的结构，也可以附属于房屋，但必须符合当地的规定，并保证通风良好。在夏天容易温度过高，在冬天会有凝结的露水，这些是温室需要注意的问题。

12. 利用屋顶花园

对于屋顶坚固的花园建筑，如工棚和避暑屋，加盖绿色屋顶有利于花园内的生物多样性，同时能够吸收利用雨水。可以利用多肉植物垫来改建这样的屋顶。新建的构筑物从一开始就可以按照屋顶花园的标准设计，这样就可以种植更多的植物。

14. 设计廊架

如果你想在一个空间有限的花园里建一个遮阴场所，而凉亭又太大，那就竖起一道廊架。哪怕是一个只能容纳一条长凳的廊架，也可以作为一个建筑焦点。

13. 建立瞭望台

瞭望台的结构应该是开敞的、透明的，它是花园内的焦点，也是一个可以饱览四周风景的构筑物。瞭望台轻盈、开敞，不会在一个小空间内占据主要地位。

15. 修建花坛

将种植区域抬离地面可以减少阴影对植物的影响，同时让你更容易接触到植物。花坛应该设在土壤上面而不是坚硬的铺装上，这样植物就可以自由地排水，并从下面的土壤中获取水分。

1　框景：用门框、窗框等，有选择地摄取空间的优美景色，形成如嵌入镜框中的图画一般的造景方式。——译注

储存空间

对于大多数园丁来说，一个工棚就能满足他们的储存需求。然而，即便只是一个小棚屋，也会在小花园占据主要地位，因为这样的构筑物往往很难被掩饰。尽量用同一种方式建造和完善这些构筑物。当你开始规划花园时，就要考虑并计划你所有的储存需求。

你想储存什么？

使用频率和所需的储存空间类型会影响你对结构和尺寸的选择。例如，存放自行车和烧烤架的地方，也需要存放工具和锅铲等不同物品。如果家里有小朋友，那么可能就要优先考虑玩具和自行车的储存问题，但随着孩子们年龄的增长，这个优先顺序可能会有所改变。

▲ 可以用格栅或板条将水桶隐藏起来，以削弱它们对花园的视觉影响。

传统的工棚是低成本的结构，是由经过压力处理的软木制成的，安装时通常需要一个预制的基座，这样可以降低潮湿的影响，延长木材的使用寿命。另外，还有许多在基本储存设计上延伸出来的储存方案，比如附加一个或多个窗口和架子，或者增添一个盆栽长凳。

自己动手设计

将储存空间的影响最小化

- 借由盆栽或其他植物让注意力从难看的工棚、垃圾箱、堆肥堆和水桶上转移。
- 格栅板对小花园来说是非常理想的选择，因为它们所占的地面空间很小。
- 如果还有额外需要掩盖的地方，可以选择铁线莲和常春藤这样的攀缘植物，它们可以利用自身的卷须，支撑自己的生长。
- 黑色、深灰色、深绿色和深蓝色油漆可以使木料棚、花园格栅和其他储存结构看起来更小一些，凸显出植物在花园中的主导地位。涂料还可以保护木材，延长木材的使用寿命，这是一个能够降低长期成本的方法，非常简单且易于实施。

▶ 这个储藏工具的橱柜顶部已被巧妙地用于种植沙拉作物（salad crops）。在一个小花园中，每一平方米都要精打细算。

多种多样的工棚

通常一个小花园的工棚有 1.2 米（4 英尺）宽，1.8 米（6 英尺）长，如果空间允许，可以通过某种方式将其掩盖，或者用攀缘植物和格栅遮掩。如果工棚的整体高度较低，那么平顶或单坡顶可能要比双向坡顶更合适。平顶或单坡顶也更利于改建成绿化屋顶，既可以柔化屋顶结构，也可以降低建筑物的整体影响。用深色的油漆粉刷木材，可以在视觉上弱化工棚的轮廓，使工棚看起来体积更小，特别是当你把粉刷油漆和绿化屋顶两种方式结合在一起时。

是否建造温室？

由于缺少光照，工棚的生长环境一般比较差。是否要把工棚扩建成采光更好的温室，这不仅取决于你的园艺技能的高低和在维护植物方面付出的时间的多少，还要根据空间的大小而定。另外，温室也并不适合用来存储，因此采用折中的方法，建造一个小型的温室或工棚可能是最佳的解决方案。

最小的花园

对于非常狭小、局促的空间，依墙而建的储存结构和室外橱柜可能更为合适。可以将这种存储设施以及垃圾回收箱等安置在侧边的通道和小路上，这样就使前后花园看起来更为整洁有序。不过，像自行车和烧烤架这些体积稍大的物品可能不太适合这种储存方式。

玻璃温室和其他框架结构

玻璃温室、迷你温室（有透明盖子的保温箱）或温室大棚都是用于延长植物生长期的保温设施。在气温回升到可以露地栽培之前，它们也可以用于繁殖或培育新作物。

朝向的重要性

建造温室的主要目的之一，就是使采光最大化，因此在设计时，构筑物的朝向是重要的考虑因素。但是这一点在小花园中可能会难以实现，因为小花园里很难找到（或许根本没有）适合搭建温室的位置。

大多数的温室都呈长方形，当然，也有圆顶、金字塔和圆柱体等其他结构，这些设计可以最大限度地提升采光效果。

在选购玻璃温室之前，必须要弄清楚你的花园朝向。若花园朝北，那么在一整年的大部分时间里，花园都会被阴影笼罩，而阴影笼罩的时间长短则取决于花园边界、周围房屋以及树木的高度。在这种情况下，无论是在温室还是在较为宽敞的花园里，作物或幼苗都难以繁殖生长——大多数的蔬菜，所有的水果、沙拉和香草，都需要大量的光照才能茁壮成长。

在采光较好的花园里，双坡向屋顶的玻璃温室最理想的建造位置是在东西轴线上，或者尽可能靠近这个位置也是可以的，在这里，玻璃温室能够最大限度地利用早春的阳光，这对新生植物来说至关重要。不过在夏季，由于日照强度和白昼时长的增加，温室将变得过于闷热，这时你就需要给温室通风和遮阴。如果你在冬季使用温室，可能还需要对其进行人工加温。

木材还是金属框架？

用镀锌钢或铝做框架的玻璃温室，采光效果会更好，这是因为镀层金属条要比木材结构窄一些。不过在美观上，这些金属条可能稍差一些，或许你会更喜欢柔和的木质外观。

其他玻璃温室的特征

如果可能的话，在温室里准备一些大型的种植床，可以帮助比较年幼的植物度过寒冷的冬天。这也会增加你花园里植物物种的多样性。

温室四周的地面应该铺设平整，以便你在附近工作，同时也更方便你将植物或工具来回搬运。另外，这样的硬质铺装也非常适合放置迷你温室，这有利于帮助植物抗寒，安全度过冬天。

最小的场地

小规模的温室也是有价值的，可以将其依墙建在房屋或者高大边界墙的旁边。对于待建的温室来说，最重要的考虑因素是它的朝向而不是形状。或许，你也可以选择使用迷你温室或小型的温室大棚来保护植物。

◀ 园艺工作台可以提供宝贵的工作空间，所以尽量在你的工棚或温室里也放置一个，哪怕只是一个很简陋的工作台。

温室能延长植物的生长时间，我们也因此能选择更多种类的作物……

正确的温室朝向对于作物来说是至关重要的，因为它们需要足够的光照才能茁壮成长。温室应该建于东西轴线上(或尽可能靠近它)。

高于地面的种植床（花坛）

花坛应便于使用和维护。花池和道路的尺寸也应该尽可能地宽敞。

高于地面的种植床（花坛）适用于阴影区域，也适合儿童和行动不便的人使用。通过抬升种植表面，可以改善光照水平，从而促进植物生长，提高生产力，也更便于你接触到植物，在照料作物时还能减少弯腰的次数。花坛上土壤的温度会快速升高，有利于提高产量。另外，如果土壤足够深的话，会很适合种植块根作物。

花坛的尺寸

虽然较大的种植床会保留住更多水分，但更重要的是你要考虑到种植床的整体尺寸是否可行。对于坐轮椅的园丁来说，花坛的高度应该参考座椅的高度。60～76 厘米（24～30 英寸）高、1.2 米（4 英尺）宽，这样的尺寸是最合适的。

使花坛的底部与下面的土壤直接接触，这样既解决了排水问题，也利于深根系植物吸收地下水。此外，因为花坛中的土壤比地面干燥得更快，所以要挖掘大量的腐殖质添加进去，以增加土壤的保湿能力。

花坛周围的小路

作为设计的一部分，也应该考虑到每个花坛周围的小路。如果使用者需使用轮椅，那么小路应该要有 1 米 (3 英尺) 宽，才能保证轮椅可以顺利通过。

花坛会影响人们对小花园空间的感知，处理不好就会让花园有种幽闭感。通过调整花坛的高度和路径的宽度，可以很好地解决这一难题。

温室在房子和花园之间架起了一座桥梁，它能帮助花园里的幼小植株或外来植物安全越冬。

花园房间

温室和其他玻璃构筑物可以延长你享受花园的时间。它们还可以将室内空间延伸到花园中，并拓展其边界。

不同的需求

在规划一个全天候的花园房间时，最重要的一点是决定谁具有优先权——是植物还是人。因为在共享的环境中无法两者兼顾。

如果这些花园房间主要用于种植，那么你就需要严格控制好里面的温度、湿度，同时还要防止害虫在这种环境中繁衍生息。除了要选择合适的植物，还需要考虑通风、朝向以及在日照强度较高的夏季如何遮阴等问题。

为了使花园房间更加宜居，需要减少植物种类，只保留几种能在人居环境下生存下来的装饰性植物即可。

规划许可

如果你打算为房子扩建一个温室或其他玻璃结构的建筑物，只要在“允许开发”的范围之内，就不需要通过建筑工程规划的许可。但同时还要注意，这种结构不能超过花园内可用空间的一定比例——这一点对小花园来说尤其重要。

在温室结构的总体高度、屋顶的细节以及材料的选择方面也有诸多限制。

对于那些居住在公寓大楼或复式公寓里的人，任何的改建和扩建都需要获得规划许可。

受保护的历史建筑

如果你住在受保护的历史建筑内，任何形式的改建或扩建都必须事先申请许可。一般来说，在没有事先许可的情况下，任何东西都不能附加到受保护的历史建筑上。当地的政府及有关部门会在官方网站上公布相关允许或禁止条例的具体信息。

避暑凉亭和世外桃源

可以将凉亭作为一个视觉焦点或是躲避琐事的世外桃源结合到你的设计中。虽然这听起来是一种奢侈，但能从现代生活的压力中解脱出来，享受片刻的闲暇时光，往往是大有裨益的。

一间可以供 2~4 人就餐的凉亭，既可以遮挡夏天的炎炎烈日，也能避雨赏雪。

虽然这些有屋顶的构筑物可以作为工作场所，但由于它们缺少适当的隔热层，所以只能充当临时的工作场所。

选择材料

当决定建造一个构筑物时，需要确保它的尺寸是合适的，并且它所使用的材料也应该符合花园的整体风格。

其他考虑

为了保证遮阴效果，也为了保护隐私，需要考虑凉亭的朝向问题。并且要给凉亭装上照明设施，这样即使在天黑以后，你也可以继续使用凉亭——如此一来，它就成了放松身心的理想场所。

▼ 凉亭侧边的板条设计有利于空气流通，使其在温暖的夜晚成为一个凉爽的港湾。高起的木平台在提供开阔视野的同时，还扩大了可用空间。

一个可以让你“偷得浮生半日闲”的地方……

这个具有绿色屋顶的构筑物，背面由锯开的木材搭砌而成，这为小昆虫提供了一个适宜的家园——这些昆虫是鸟类的食物来源。

花园办公室

花园作为工作场所越来越受到人们的欢迎，因为花园里宁静而富有启发性的环境更能让人产生工作动力。对许多人来说，将居住场所和工作场所区分开是很重要的，尽管这两处可能只有几步之遥，但已经足以创造一个使人工作更高效的工作环境。

在规划许可的范围内，一些公司专门从事在花园内定制办公室的项目。你要确保需要搭建的建筑与你的花园的材质和风格相匹配。

保证基本的舒适环境

隔热是建筑最需要考虑的问题，因为你一年四季都要待在里面，这就需要保证冬暖夏凉。

良好的隔热也更方便你储存文件和电器设备，不必担心冷凝后的水蒸气会对它们造成损害。同时，你还需要研究什么样的照明设施最能满足你的需求。

办公室设备

同样需要慎重考虑的还有电话线路和电力供应——虽然没有接通这些，只要有移动电话和无线网络，也能在房子附近办公。

在充分考虑你所需要的空间和室内光照之后，认真地研究一下哪些建筑是当地规划局允许建造的。

▼ 花园办公室需要隔热设施，以便在夏季和冬季都能保持适宜的温度。

与你所在地的规划局协商花园新建筑的建造指导方针。任何规定都会涉及建筑的高度和整体大小。

办公室、工棚及储存设施的规划指南

在许多国家，对于花园办公室这类用于储存或纯属装饰的构筑物都有着严格的规划准则。这些准则旨在保证花园内留有一定的开放空间，并能维护良好的邻里关系。

一般来说，根据通用的规划准则，工棚和其他构筑物不允许建在前花园内，建筑物不能建在道路和房屋的立面之间，任何构筑物都不应建于距离高速公路 18 米 (60 英尺) 的范围内。

搭建一个工棚不一定需要申请规划许可证，但是它的占地面积不应超过花园总面积的 50%。对于平顶或单坡顶的工棚，允许的最高高度为 3 米 (10 英尺)；双向坡顶工棚的最高高度为 4 米 (13 英尺)。

如果你住在保护区内，你可能会发现关于花园建筑的大小的规定有更严格的限制。在不需要申请规划许可的前提下，允许建设的最大规模建筑为 10 立方米 (353 立方英尺)。

屋顶绿化的妙用

在花园内新建或重建任何构筑物都会有新的屋顶产生，这就值得你仔细考量了，因为新增加的屋顶表面径流[1]会给你所在区域的排水系统增加压力。

虽然可以收集径流水，并将其引流到下水管道中，但这同时也很可能会损失大量的屋顶径流。

柔化效果

屋顶绿化系统可以为花园带来一系列的好处，它们使每个屋顶表面都拥有种植的可能性。从美学上讲，这可以柔化和削弱建筑物对花园的影响，某种程度上有助于构筑物与周围景观的风格和谐统一。

植物会吸收雨水，一部分的降雨可以用来支持植物的生长。植物的生长基质也会吸收水分，减缓雨水流向排水系统的速度。这起到一定的防洪作用，特别是对较大范围的社区来说。

1 表面径流：地表径流是指雨水或是冰雪融化后的水流经地表产生的水流。表面径流可能是因为土壤已经吸饱水，无法再吸收水分，或者是一些不透水的表面（例如屋顶或是路面）上的水，流到了周围的土壤中。——译注

在斜屋顶种植

虽然屋顶绿化常常用在平屋顶或单坡向屋顶上，但其实在倾斜的或有屋脊的屋顶上也同样适用。

可以将预先种植好的草垫固定到现有的屋顶上，这些通常是多肉植物，因为这些浅生根植物比较耐旱。

在规划新建筑时，可以增加屋顶的承重能力，从而使生长基质的深度可以支持草甸植物[2]和更多种类的宿根植物生长。另一方面，也可以通过将种植物的种类限制在低矮的宿根植物和观赏草范围内，使土壤的深度最小化，从而使花园建筑的屋顶设计保持轻盈的比例。

▶ 这种绿色屋顶大大增加了植物和动物的多样性，有效地划分了花园空间，同时柔化了花园工棚带来的影响。

增加了生物的多样性

花园中的物种多样性增加，特别是植物又作为昆虫和无脊椎动物的食物来源，将提升花园的野生动物价值，否则屋顶就只是干旱的、贫瘠的、仅能反射热量的表面。

2 草甸植物：在适中的水分条件下发育起来的以多年生、中生草本为主体的植被类型。——译注

自己动手设计

屋顶植物的选择

- 在进行种植之前，应就屋顶结构的强度寻求专业的建议。
- 在通常情况下，可以在浅土层种植垫上种植多肉植物，从而绿化现有的屋顶。
- 其他一些宿根植物和观赏草，包括百里香、水苏（*stachys*）、墨西哥羽毛草、蓝羊茅（*Festuca glauca*）、细香葱（*Allium schoenoprasum*）和黄色的条纹庭菖蒲（*Sisyrinchium striatum*）（如右图所示）仅需要 10~15 厘米（4~6 英寸）深的土壤。这些物种具有多种高度和样式，它们也可以与多肉植物、虎耳草（*saxifage*）和长生草（*sempervivums*）组合，在绿色屋顶这种特殊的种植条件下绘制出丰富多彩的植物地毯。

绿色屋顶提升了花园里的生态价值……

案例学习

创造私密感和层次感

在这座由罗宾 · 威廉姆斯（Robin Williams）设计的小花园里，廊架下方宽敞的小路可以用来放置座椅，还能感受到在户外就餐的乐趣。

作为常用材料，砖块被重复使用在廊架、边界墙以及花园其他地方的铺装细节中。结合廊架的宽度和高度，这个小花园体现出了一致性和力量感。

两侧的边界上种满了高大、茂密的植物，而一个镜面的壁龛则完善了整个构图，给空间带来了光明和额外的景深。

种植设计上的可能性

镜子带来的错觉一直延伸到地面，创造了一种场景将无限延伸下去的视觉效果，从而扩展了花园的范围。如果将镜子的边缘隐藏起来，那么就更容易骗过人们的眼睛了。

▲ 水从一个小喷泉口流到下面的水盆里，发出令人愉快的声音，同时分散你的注意力，把你从高度紧张的状态里拯救出来。

▼ 座椅或是长凳，被隐藏进种植池的凹陷处，使主要铺装空间看起来更整洁、更实用。

把设计理念带回家

- 花园内的构筑物能保护使用者的隐私，提供庇护场所。
- 廊架特别适用于遮挡来自建筑物和窗户的俯瞰视线。
- 构筑物必须保证适当的高度与规模，就像图中的廊架一样，允许植物在下面生长。
- 不要在廊架上种植攀缘植物，这样更利于光线透过廊架照射到下面的植物。

神奇的镜像造成了视觉误差，扩展了原本狭小的空间……

隐秘的后花园

规模适中的廊架 (1) 横跨了整个花园，支撑起一系列的攀缘植物，为小花园增加了经久不败的树荫和色彩。

暖色调的砖块是贯穿小花园的主要元素，例如后墙 (2)，它遮挡住了后面的小储存间。

砖砌的拱门内镶嵌了镜子 (3)，这个焦点给人一种错觉，让人觉得后面还有更深更远的空间。

茂密的植物边界 (4) 柔化了这个封闭的空间。

◀ 向外打开的落地窗连接起室内和室外的空间，花坛上的砖块和铺装的细节与房屋墙壁的材质相互呼应。

SMALL GARDEN

WATER 水景

水是一种可以与当地景色相互呼应的天然物质，它通过声音、光影反射和动态变化来改变整个花园，营造出一种清新有活力的氛围，同时又能弱化和掩盖背景噪音。然而，水变化多端，能够在片刻之间就使其自身的属性和周围的氛围发生转变，因此，如何将水景维持在稳定的状态，时常是让园丁感到头疼的问题。

水的独特性在于它可以创造出一系列的视觉效果，比如将其塑造成不同的形态，在水中注入气体，使其如瀑布般倾泻而下，抑或只是保持其静止或者流动的状态。总之，不可否认，水是所有城市花园的重要组成部分。

15种欣赏水景的方法

1. 确定水的深度

花园池塘的深度至关重要——如果太浅，水温就会过高，从而导致藻类大量繁殖和水汽蒸发；如果太深，水底就会滋生大量腐败物质，这对一个小花园来说是很难自行分解的。70～100厘米(28～36英寸)的深度就很适合。这样的深度既可以保持水体低层凉爽，又能平衡水体上层的热量。

2. 保持水量

在大多数的花园里，水是被人为引入的，而不是天然存在的元素。因此，必须通过某种方式对其进行维护，以防止泄漏和流失。可以使用丁基合成橡胶这样的软质材料来围成一个自然、有机的形态，或者使用更加坚固的材料，如玻璃纤维或混凝土，塑造出精确的建筑形态。

3. 选择场地

阳光下的水池看起来极具活力，里面可能会孕育出生物（如果池水温度适宜的话），但光照充足的水池很容易温度过高。而阴影中的水池则显得阴冷且毫无生机。如果你的水池处在厚重的阴影中，可以考虑改变水的表现形式，比如设计成依靠地下蓄水池而喷流的涌泉。

4. 水的流动

安装水泵，用水泵来使水流动并增加气体交换。这可以给水景降温或缓和水温上升的速度，还能帮助保持水体的清澈，从而防止藻类的生长、堆积。另外，水的声音和动态也为小花园增添了几分生趣。

5. 安装水泵

水泵可以隐藏在水面以下，尤其是在小型水景中，只需要和电路连接即可。更智能或更复杂的水景设备可能会将水泵安装在远离水体的地方，这就需要一条可以抵达的小路以便对其进行维护。

6. 协同设计

在设计花园时，将人工水景和其驳岸完美地衔接在一起，是最大的挑战之一。硬质的水池、池塘等水景边缘，可以很容易地被铺装或其他硬质材料掩盖。对于栽种着植物的水池，可以将防渗膜延伸到花园的区域，不过除非它们能够很好地被植物覆盖，否则会很容易显露出来受到损坏。

7. 地下存储

地下水箱中储存的水，其温度会低于暴露在阳光下的水。这种隐蔽的设施适合设计成墙壁上或铺装中的跌水或涌泉，能够将回落的水重新汇聚在蓄水池。并且，这种隐藏于地下的设计也能有效地利用空间。

8. 制造倒影

水池的内壁或防渗膜最好是黑色或深色的，这样水面就会如同镜子一般，在阳光下泛起粼粼波光。

9. 平衡生态

可以在池塘和水池里种植植物，从而创造出一个生机勃勃的生态系统。虽然可能需要一些时间来使不同风格的元素相互平衡，但是这样的水池将大大增加你花园内的生物多样性。

10. 点亮水面

用灯光照亮水面或者水池和池塘远处的植物，这样在天黑之后，它们的倒影就会投映在水面上。最好不要在水池里设置灯光，因为这会令水下深藏的淤泥、电线和水泵一览无余。

11. 维护水景

为了保持水池里的水清澈透明，你可能需要对其进行化学处理，或使用紫外线过滤器，从而防止藻类生长。就像游泳池一样，清澈的水池是需要定期维护的。

12. 蓄满雨水

用雨水而不是自来水来补充或蓄满你的水池，因为后者营养丰富，会促进绿藻繁殖。另外，添加营养物质也会破坏水池的生态平衡。

13. 设置多种深度

大多数水生植物[1]和水缘植物[2]需要在特定深度的水中才能茁壮生长。因此，水池的设计还应该包括适合野生动物生长的浅水区、深水区、礁石区和浅滩。

14. 解决安全问题

如果花园里设有水景，许多人就会担心孩子的安全问题。通过采取必要的预防措施以及对儿童说明落水的风险，就可以在一定程度上避免危险发生，如此一来，孩子们也能尽情地享受水景的乐趣了。

15. 控制植物

可以把你的水池看作营养充足的区域。由于水分充足，池塘里的植物往往生长得更快更好。此外，有些物种具有侵略性，很容易成为生态系统中的“小霸王”，因此需要定期对其加以控制。

1　水生植物：能在水中生长的植物，统称为水生植物。根据水生植物的生活方式，一般将其分为以下几大类：挺水植物、浮叶植物、沉水植物、漂浮植物以及湿生植物。——译注

2　水缘植物：生长在水池或溪流边，从水深 23 厘米处到水池边的泥里，都可以生长的植物叫作水缘植物。——译注

规划一个池塘或水池

池塘和水池的不同之处在于，池塘是低于地表的水坑，其中通常种植水缘植物和水生植物，而水池则更富有建筑感，更正式化，有时会设计成高出地面的形式。这一区别对于你的花园设计方案尤其重要。

挖掘一个新池塘

若池塘的水位等于或接近水平地面，那么其建造过程将会涉及大量的挖掘工作，对于一个小花园来说，处理这些被挖出来的表层土和底层土是个不小的难题。你的花园里可能无法容纳下这些挖出来的土壤，所以只能将其移走。请记住，土壤在被挖掘出来后，其体积比原来增加 1/3。

在挖掘过程中，确保高低区域之间以平滑的曲线过渡，并且保持自然的形状，这样在铺设防渗膜时就不会造成撕裂。

你还需要在池塘里挖出一个溢流口[1]，以限制水位和预防洪水。溢流口可以与渗水坑相连。

池塘防渗膜

把池塘挖好之后，应该为它铺上土工织物[2]（见第 198 页）和柔性防水材料，例如以单张形式出售的丁基合成橡胶。

在挖掘后，需测量池塘的长度、宽度和深度，每一边都需要测量。值得注意的是，作为池塘内衬的土工织物需要留出余量，这样它才能在池塘注满水的时候完全地沉降和伸展，所以内衬的尺寸应该在你测量的基础上额外再增加 50～100 厘米（20～36 英寸）。多出来的内衬材料可以埋在池边的铺装下面，也可以埋在地下。

为了掩盖池塘内衬（制造出自然水池的假象），你可以在水里和水边种植合适的植物，或者在池塘的边缘铺上铺装。

水的重量

1 立方米（35 立方英尺）的水约重 1 吨，所以，当把水注入新的水池时，其施加在内衬层上的巨大压力足以使内衬层沉降，导致内衬层被下面潜藏的碎石或尖锐物刺

1 溢流口：为防止水位过高而设置的泄流管口。——译注

2 土工织物：也叫土工布，是由合成纤维通过针刺或编织而成的透水性土工合成材料，常用于土建工程中。——译注

自己动手设计

控制水藻

- 缓慢流动的水有换气和控制水温的作用，利用简单的涌泉和潜水泵可以实现这一点。
- 在一些镜面水池中，为防止藻类生长，必须进行化学处理。建议水池深度至少为 70 厘米（28 英寸），以使下层水能一直保持凉爽。
- 可以借用芦苇或碎石床（如图所示）来净化水池，它们富含微生物，可以过滤掉水中的营养物质，或将其转化为可被植物吸收的养料。这种过滤方式依赖于水泵过滤的循环水，过程中可以搭配使用陶瓷过滤器或红外线过滤器。

穿。为了防止这类情况发生，可以在土工织物下铺设一层柔软的沙子作为防护。

如果你想在安装了丁基橡胶内衬的池塘边缘铺设铺装，可以把土工织物铺在丁基橡胶外层，以保护丁基橡胶不受上面铺装的影响。只需在计划铺设铺装的地方使用就可以，不必铺满整个池塘。

将水缓慢地注入池塘，以便在水位升高的过程中，内衬层能够得以缓冲。

设计池塘

水池一般都有混凝土地基和防水的混凝土砌块墙。使用的防水材料通常是黑色的，这会使水面的反光效果更加明显。通常情况下，建议将水深维持在70厘米（28英寸）左右，以防止水体温度过高。

水池的墙壁适合设计成更加正式和棱角分明的样式。由于下面有坚固的墙体支撑，在水池边缘铺设铺装并不困难，铺装的悬挑还可以掩盖水体与施工边缘的接合处。不过，对于如何回收溢流而出的水体就需要另加考虑了，因为这种回收系统一般是肉眼可见的。

池塘种植

装饰得越华丽的水池越不适合种植。规范的水池应该配有过滤设备，并且定期进行化学处理和消毒，以保持水体的清洁和纯净。与此同时，可能还需要平衡水池的pH值，以防止水垢累积。

浅池中的清水，例如这个以卵石铺底的水池，必须安装过滤系统，或者对其进行化学处理，以防止藻类生长。

特意寻来的“艺术品”总是格外妙趣横生，通常可以成为视觉亮点，例如这个旧的钢制储水罐。周围的植物与锈色相互映衬。

当你围绕着水池走动时，池中的倒影也随之发生变化……

深色的池底和池壁以及缓缓流动的水景，使仅有几毫米深的水池给人一种深不可测的假象。

平如镜面的水

设计镜面水池时，最重要的一点就是水池或水景的内部必须是深色的，这样水面就会如镜面一般反射光影。浅色的内衬层会将光线折射进水池中，从而减少了水面的反射作用。当然，所有的水池在天黑后都能够映出倒影，因为那时没有光线能穿透水面。

◀ 要考虑到水面的倒影成像以及你的观赏位置。图中，一丛大叶草的叶子投下的倒影，为这里增添了别样的意趣。

水池的深度

水池的深度并不影响其反射光线的能力。事实上，即使水深只有1厘米(1/2英寸)，甚至更浅，只要配以黑色镀层的钢材或玄武岩等暗色石材，都可以产生令人惊叹的倒影。

由此，水池中的可见结构就能变得更加隐蔽，而水池的反射面积也能得以最大化。这更是镜面水池最重要的考虑因素，因为镜面水池所需的水量要比池塘少，所以维护起来更加容易。在当今水资源如此珍贵的情况下，镜面水池对一个小花园来说是最为合适的选择。

水池中的倒影

在设计镜面水池的同时，你必须还要考虑到水面上的倒影。倒影的成功与否取决于水池周围的环境和你的视角。当你围绕着水池走动时，池中的倒影也会随之发生变化——从水池旁边往下看时，你会看到倒映在水面上的天空，而当你坐在离水池几米远的地方时，就会注意到附近的墙壁、植物或树冠在水中的倒影。

用一个简单的分析图标记出你眼睛的高度和看到的位置，以及水池和周围物体、植物的位置，它会帮助你分析出水面上有可能出现的成像。

自己动手设计

水中的倒影

- 镜面一样的水可以给花园注入生机和色彩，但必须要经过精心的规划。
- 想要获得最佳的反射效果，就要保证池塘或水池的内部表面是黑色或深色的。静态的水池能倒映出最清晰的影像，但最有可能滋生藻类，需要对其进行过滤(见第152页)。
- 无边界水池或溢流式蓄水池既有清晰可辨的倒影，同时又没有明显的约束流水的边缘。
- 设想一下光线如何照射在你的水池上，更重要的是照射在水池的背景上——因为这会产生意想不到的反射效果。天黑以后，按照你的设想去照亮水池周围的植物或物体来达到这种反射效果。

流动变化的水

花园的氛围会随着喷泉或瀑布的动态和声音而发生变化，可以将这些特点结合到池塘或水池中。需要注意的是，一些水生植物，如睡莲，会扰乱平静的水面，并且使水中倒影变得不再清晰。

任何流动的水景都需要一个水泵，所以在设计时要考虑到供电问题。

喷泉

喷泉发出的轻柔水声可以掩盖城市中的喧嚣，降低噪音。

在一个小花园里，最好将喷水口设计得低一些，因为较高的喷泉会被风吹散，将水洒到水池之外和附近的路面上。

可以将喷水口设置在地面以下或者略低于水平铺装，使水喷溅到铺装表面上，这会更加凸显出石头的颜色并产生有趣的倒影。一定要让水最终流回表面下的蓄水槽中。

可以安装狭窄的排水槽来排水，也可以通过地下管道或蓄水池来收集流水。或者用碎石或其他松散的材料，例如鹅卵石，覆盖在这些管道或蓄水槽上来隐藏它们。

瀑布

跌水的设计是为了使水回流到蓄水池中。对于没有足够空间来安装大型流水或瀑布的小花园来说，装饰性的喷水口和信箱式瀑布喷水口[1]是非常不错的选择。

一般来说，会在墙壁上安装一个面具雕塑或兽首雕塑用作水口，从水口中喷出的水会流落到蓄水池或水盆中。这种设计的最大优点就是，水池的背景墙可以掩盖后面连接的管道。但是考虑到检修的问题，这样的设施并不适合安装在边界墙上。可以在墙壁表面上设计一些凹槽，将管道隐藏进这些凹槽内，或者利用植物来将其掩盖。

信箱式墙壁瀑布系统扩展了瀑布水流的宽度，并伴随有动听的流水声，这就避免了小出水口发出的令人生厌的嘈杂水声。在确定方案之前，你应该先实验一下。

细流

细流，或者说一条狭长的小瀑布，很适合用于小花园，也许还可以在形状规则的园林作为中轴线。为了安全起见，这种细流必须有明确的边界，也可以将其抬升到种植池的边缘，创造出有趣的景象。

1 外形像信箱一样悬挂在墙壁之上的喷泉，出水口如信箱的投信口一样狭长。——译注

▲ 壁挂式喷泉的管道通常在背景墙的后面，如果将其安装在边界墙上，你将无法对其进行维护，而且墙的那一侧对邻居来说也很不美观。

◀ 即使在很小的范围内，水也能吸引人的注意，使人身心愉悦。这是一个日本风格的简单抽水系统，它将淙淙水声和动态美感都引入了花园。

溪流不断地循环、更新，使水得以保持清新……

蜿蜒的水道将台地和跌水池连接起来，这些小溪经过过滤后沿着水道再次循环，轻轻地滴入迷人的水池中。

种植植物的水

相比于开敞的水面，你可能会更喜欢水生植物或者喜水植物那些夸张而巨大的叶子。

水的生态系统

植物在水生生态系统中以不同的方式生长。许多沉水植物[1]都为水提供了必要的氧气，这有助于维持生态系统的平衡，但从水面上看，这些植物并不明显。

另外一些被称为挺水植物的物种，它们的植物体大部分也生长在水面以下，但它们的花和叶子会生长出水面，抽枝发芽。这些物种大多也产生氧气。睡莲属就属于这一类。

1 沉水植物：指植物体全部位于水层下面营固着生存的大型水生植物。——译注

▲ 大叶蚁塔（*Gunnera manicata*）夸张的茎叶占满了整个小池塘。

▲ 对于沼泽花园和小型种植池来说，立金花（*Caltha Palustris*）是理想的选择。

植物如何影响池塘

在种植阶段初期，很难在植物的生长和它们所生活的水体的整体生态之间取得平衡。这是因为植物被种下后就需要从所在的池塘或水池中汲取养分，而这势必会影响到整个水环境。植物在汲取了足够多的养分以后，体积开始增长，有时

自己动手设计

湿地花园

- 湿地花园可以为旧池塘带来新的生机，并增加花园中的植物多样性。
- 先把水排干，然后在现有池塘的底部和侧面穿孔。在玻璃纤维或混凝土材质的池塘内衬上打几个小孔，以便渗水。
- 要建造一个新的湿地花园，就需要引入人工排水系统。先铺上一层丁基橡胶内衬，然后穿孔。用碎石回填浅层基地，这样更便于排水，最后再覆盖上普通的花园土壤。在种植之前和种植之后，都需要向土壤中添加大量的腐殖质有机物。
- 记住，要时常给湿地花园浇水。

▶ 观赏草和其他的透光植物与水景相得益彰，沾染着露珠或雨水的叶片会在阳光的照射下闪闪发光。

甚至会呈爆发式生长。

因此，在选择植物时，应避免选择入侵植物和具有侵略性的芦苇，如窄叶香蒲（*Tyepap angustifolia*），因为它们会生长得过于旺盛，甚至能完全淹没你的池塘。大叶蚁塔的巨大叶片非常壮丽，通常能长到 1.5 米（5 英尺）宽，但同样地，它们巨大的体积会在小花园中占据主导地位，甚至成为视觉焦点。

水缘植物和沼泽植物

水缘植物喜欢把根扎在水里，但它们主要的茎、叶和花都暴露在水面上。一些鸢尾就是典型的水缘植物。

湿地植物喜欢潮湿或湿润的土壤。你可以选择单独建立一个湿地花园，也可以将这些栖息地与池塘联系在一起。立金花和玉簪科植物（*hosta*）就是典型的沼泽植物，它们适应于这样的生长环境。

池塘里的种植区域

在池塘中，为不同类型的植物设计特定的种植区域是很重要的。许多水缘植物喜欢生长在深度为 10～15 厘米（4～6 英寸）的水域，但有时也会向更浅或更深的水域蔓延。相较而言，这些水缘植物更容易向浅水的斜坡驳岸生长扩散，当它们的叶片枯萎后，新的植株通常又会从腐烂的枯叶中重新生长出来。这些浅滩也非常适合野生动物生长繁殖，但需要对它们进行定期的维护和管理。

你也可以在水位较深的地方将种植架与垂直的挡土墙或陡峭的斜坡结合起来，利用这种特殊的绿化方式来抑制植物的生长趋势。

清除池塘中的枯叶仍然是维持生态系统的一个重要环节。如果没有这项维护工作，池塘将会被枯叶堵塞。

水洼和小溪

集水区也可以用来种植植物，例如屋檐流水或铺装积水造成的洼地。在这种地方，积水渗入地下的速度较慢，这种潮湿的环境是多年生喜湿植物的理想栖息地。

窄沟或浅洼地都能够疏导排水，可以在上面覆盖一层渗透性材料，如碎石和鹅卵石，用来保留水分。不过，这种洼地的存水量会受到天气条件的影响，因此生长在这里的植物需要既耐潮湿又耐干旱。

在任何池塘或水体中实现生态平衡都是需要时间的，尤其当涉及植物和野生动物时（这是无法避免的）。

保持水体清澈

为了保持水的清洁和新鲜，大多数水池都需要过滤。

使用水泵

抽水系统需要安装过滤器来防止其堵塞，即使是简易的潜水泵也需要保护。可以将池塘底部的水泵放置在较低的基座上，这样一来，大部分的淤泥和沉淀物就会沉积在主入水口以下。一定要定期检查过滤器，确保系统中的水能够自由流动。

一些藻类可能需要用到陶瓷过滤器来进行过滤，在这之前，通常要先用紫外线来杀死它们。

使用植物

芦苇可以用来清洁生活垃圾中的灰水[1]，同时也可以用来自然过滤游泳池。大多数过滤床是通过在碎石中种植植物的方法建立过滤系统的。可以在碎石中埋入细菌过滤器，虽然这对过滤过程没什么帮助，但可以使植物更具装饰性。

富含营养的水

池塘注满水后，由于藻类的生长，池水通常会呈不透明的绿色。然而，一旦水中的营养被耗尽了，水就会开始变得清澈。

如果水还没有变得清澈，就说明这个池塘可能仍然从上层的清水或是落叶和腐烂植物中获取了营养。

1　灰水：灰水是相对于黑水来说的，我们平常所说的黑水主要是从马桶里、小便器或病房里出来的水，而灰水是从洗脸盆和地漏里出来的水。——译注

鱼儿怎么样?

如果你把鱼儿引入了你的池塘，这会产生额外的废物，从而增加生态系统的风险。氨会逐渐积累，这本身对鱼来说是有毒的。硝化细菌能够将氨转化为亚硝酸盐（也是有毒的），进而再将亚硝酸盐转化为有益的硝酸盐——一种植物和藻类的食物。

因此，你应该在水中安装浸有合适细菌的过滤垫，以便在保证鱼儿健康生长的同时，又不破坏水池的生态平衡。另外还需要注意的是，当鱼儿扰乱池底的淤泥和沉淀物时，可能会对过滤器和水泵造成额外的负担。

野生动物池塘

鱼类以蝌蚪和蝾螈为食，这可能会破坏野生动物池塘的生物多样性。

▲ 色彩斑斓、活力四射的鱼儿的确很讨人喜欢，但是它们也增加了花园维护工作的难度。

儿童与水，安全第一

在花园里，水是一种长期存在的安全隐患，但其本身的乐趣又让人难以割舍。儿童是主要需要关注的对象，因为他们总是对深水充满好奇，又低估了深水中的危险，常常让自己的好奇心占据上风。对此，监督和细心地看管儿童，是迄今为止最好的预防措施。这既可以使人们体会到水作为栖息地和装饰景观的好处，同时又能够加强人们对水的安全意识。

不过，我们还是建议在池塘或水池上面覆盖格栅。在通常情况下，这些格栅需要定制才能与水景的具体布局相吻合。可以把格栅放置在水面以下，这样一来就不会显得那么突兀了，同时也保证了水池的安全性。

高出地面的水池本身就会带来一些障碍，因此孩子们不易接触到水。同时，地下蓄水池也能够减少甚至避免许多危险。

案例学习

水的自然属性

对房屋的地下室和地面一层进行开发和现代化改造时，黛博拉·纳根（Deborah Nagan）通过一个宽敞的天井把她的设想扩展到了花园里，使这里成为一片令人放松的绿洲，流水淙淙，枝繁叶茂。

这是一个具有双重景观的花园。在较高的、可以从地面观赏到的那层区域上，天然的石板铺装蜿蜒穿过耀眼夺目的大丽花和缠绕生长的豆角。这个空间里长满了繁茂的枝叶，盛开着无数的花朵。

下沉区域

通往地下室的下沉区域开辟出隔绝于城市生活的另一个世界。在这里，水景成为了主题，池水和瀑布营造出的动感充斥着整个空间，而瀑布的跌水则降低了整个空间的高度。一个简单的钢制 U 形梁做成的出水口悬挑在水池上方，成为一个生动又别具一格的焦点。植物那茂密的枝叶从底部伸展到了上层空间，为这片空间更添一份神秘感。

水池的内壁是深色的，显得水池深不可测，就像丛林里的瀑布深潭，而那暗红色的墙体更烘托了这一氛围。不断循环过滤的流水使水池始终保持着清澈、洁净。

池塘边的种植

种植在水池边的植物要尽量少且形状简单。在这个空间中，一棵软树蕨肆意地舒展着它轻薄的叶片，种植床上铺满了纹理分明的鹅卵石，星星点点的蕨类植物散落其间。藤蔓从洒满阳光的高处蜿蜒而下，它们心形的叶片为后面的墙壁点缀了别样风情。

把设计理念带回家

- 巧妙地利用了高差变化，为有限的空间增添了趣味性和动态感。
- 在房子和花园之间建立了紧密的联系。
- 鲜艳的颜色和表面装饰形成强烈对比，格外引人注意。
- 阔叶植物使建筑变得愈发柔和，伴随着潺潺的瀑布，让环境充满了生机。
- 不同层次和材料的选择，体现出花园丰富多变的特色。

▲ 边缘处生锈的钢筋与初秋深红色的大丽花相得益彰。仅仅 1 厘米（0.5 英寸）宽的钢筋，可以用手随意弯成动感的曲线，且能够长年保持形状不变。

▶ 一条轻浅的钢质沟渠，带着锈色的纹理，巧妙地穿过这个小小的城市花园，然后将水运回到另一端的瀑布里。

急流而下的瀑布淹没了城市里令人不悦的噪音……

城市跌水

一条狭窄的钢质水渠（1）从花园上方的水池中引流而下，溅起晶莹的水花。潺潺的流水声穿透了这座城市花园的天井，淹没了远处城市令人不悦的噪音。

深红的紫葛 (*Vitis coignetiae*)（2）蜿蜒而下，其茂密的叶片为阴凉的幽谷带来了勃勃生机，在视觉上打破了墙壁带来的刻板和沉寂。

木质台阶（3）掩映在软树蕨（4）蓬勃舒展的枝叶之中。丝状的叶片在细小的蕨类（5）和上层植物之间架起了一座沟通的桥梁。

◀ 从主花园中看，这里的天井并不明显，只有玻璃墙上的倒影悄悄地告诉来客，下层别有洞天。

SMALL GARDEN

PLANTING

种植

对大多数有小花园的人来说，植物是最重要的元素，这或许是因为它们是鲜活的、多变的。一些园丁喜欢花叶繁茂的植物，而另一些园丁则采取更加谨慎的态度来挑选植物。

对于那些接手了已建成花园的人来说，如何在前人留下的植物和自己的需求之间做出平衡，可能是一件复杂且困难的事情。对此，你应该大胆地按照自己的需求去放手改造，不必顾忌太多。

当然，如果你是第一个搬进新建房屋的人，那么你将面对的是一种截然不同的挑战。从头开始创建一个花园需要目的明确、眼光长远，这样才能让花园的每个空间都兼具功能性和舒适性。

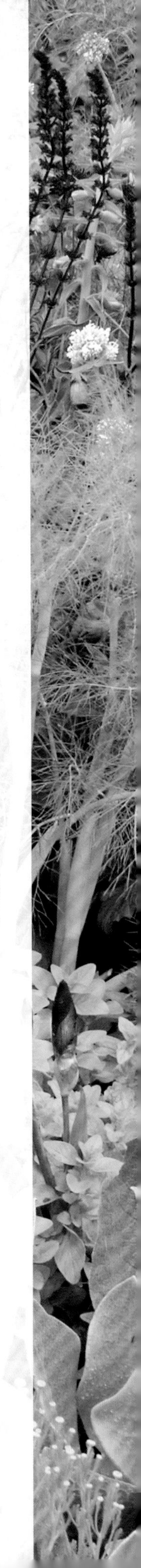

15 种提升种植方案的方法

5. 规划农作物

即使是在一个规模很小的花园中，也可以种植一些农作物来补充你的饮食，但需要注意的是，只能是作为补充。提前规划好你的花园，这样才能使每个区域的收成最大化。不过，你依旧需要面对一个现实——你种植的这一点农作物绝不可能满足一个家庭的需求，甚至连你自己的需求都无法满足。

1. 确定主题

确定主题就是确定种植设计的总体概念，不要试图容纳过多的选择，保留过多的元素只会造成混乱。一个明确的计划同样也会帮助你选择植物。记得，要把你对花园的设计想法同房屋的内部风格联系到一起。

2. 符合场地条件

在选择植物之前，需要充分了解你花园中主要的环境条件。比如，它的朝向是什么，在一天中的日照轨迹是什么样的；花园的土壤属于哪一种，含水量是多少。虽然土壤可以通过后期改善，但在合适的地方种植合适的植物才是更明智的选择。

3. 整理植物目录

用文字整理出你想要的植物属性，然后挑选合适的物种。植物的属性可以包括植物在不同季节的特点、高度、纹理、颜色和香气。需要注意的是，你应该从整体上考虑怎样使这些植物彼此之间互利共生，而不是仅仅把它们看成是单个植物体的集合。

4. 选择关键植物

大多数的种植方案都是围绕主要或关键植物，以及它们的突出特点，如形态、叶色或枝干形状等设计的。如果可以，首先把这些有“态度”的植物确定下来，之后再去考虑怎样选择与之搭配的支持或辅助性植物，就会容易很多。

6. 注意植物的大小搭配

在一个小花园里，少量的大型植物可以构成视觉兴趣点，并完美地与周围的建筑或花园特征相关联。而且从另一个方面来说，一味地种植小型植物也会使小花园看起来过于拥挤。随着植物的种类和数量的增多，你需要花费更多的精力去关注和维护它们。

7. 植物的私密性

私密性差是小花园的主要问题之一，尤其当小花园处于高楼林立的城市中心时。可以借助攀缘植物、树篱和树木的较高树冠或是由它们构成的屏障来改善这一问题。不过，这样做的缺点是，增加了花园内的阴影。

8. 植物的一致感

在种植方案中，重复地使用同一物种看起来效果会很好，或者也可以将它们成片地种植。这两种技巧可以精简选择的植物种类，使花园整体显得更简洁、统一，有助于花园产生一种节奏感和连贯性。

9. 增加垂直趣味的植物

对于小花园来说，高大的植物简直就是“无价之宝”，因为相比于有限的地面空间，小花园在垂直方向上通常是可以无限延伸的。精心挑选紧凑、高大的物种——那些不会横向生长的植物，它们将给花园带来一种动态的效果。当然，还要从长、宽、高三个不同的维度上研究你所选择的植物。

10. 考虑植物的密度

你需要控制好植株之间的密度，不能太紧密，也不能过于稀疏。开阔的土地很容易受到杂草的侵袭，这也是我们会选择种植植物的原因之一。相反，如果种植得过于密集，一些特殊植物在生长时无法充分伸展，其生长形态和装饰效果都会大打折扣。种植时要考虑到植物未来3～5年的生长情况，但要注意，不要盲目相信教科书所提供的植物数据，这是因为大多数的教科书里提供的都是成熟树种的冠幅数据。

11. 植物的多样性

依据可能吸引到的昆虫种类将植物进行组合种植，而不是单纯地将单株植物累加在一起。在这个过程中还要考虑到附近花园里的植物，同时可以想一想，如何才能更大限度地为你所在区域的生物多样性做出贡献。

12. 选择颜色

在最初的色彩设计中，你就应该考虑到花园的整体效果，包括背景、铺装以及植物本身的颜色。花朵往往会提供最鲜艳的色彩组合，但这些颜色通常只能维持短暂的时间，相比之下，叶子的颜色反而更加持久。

13. 盆栽植物

尽可能选择容量大的容器，这样生长介质就能收集和储存更多的水分。栽种在同一个容器内的植物应该是相互关联的。另外，在一个容器里大量种植单一品种或单独地栽种园景植物，可以更好地展现它们真正的风采。

14. 建立植物组团

设计种植的乐趣之一就是，你可以将完全不同的植物物种关联在一起。在这个过程中，你需要寻找植物在叶形、花色、形状等方面的共同特点，以及相关的植物属性。当然，一些对比也很有用。

15. 实事求是

你的植物能否成活在于它们是否能被良好地照顾，因此在设计时，你需要估算好日后维护工作的量和频率，这是必不可少的。包括你能花在植物上的时间、你感兴趣的程度以及你所具备的专业知识。

植物的生态环境

可以根据植物的自然栖息地，对其进行粗略的划分，这种方式更利于你选择出最适合的物种。水生、湿地、田间和草地、林地和林地边缘，每一处群落都是由具有相似特征或彼此共生的植物构成的。

湿地

湿地植被适合潮湿或排水不良的土壤，这种环境也可以通过人为的方式创造出来。这类植物包括许多叶片夸张的大型植物，如玉簪花和鬼灯檠（*Rodgersia*），以及许多形态优雅的高大芦苇；也有一些色彩艳丽缤纷的，比如许多鸢尾花、报春花、橐吾属（*Ligularia*），甚至一些美国薄荷属（*Monarda*）也喜欢这种潮湿的环境。湿地植物需要充足的阳光和水分，因此，阴影会限制植物的选择。

维持现有条件

随着气候变化对花园的影响日益增大，同时也基于对花园可持续性发展的考虑，对现有的湿地条件加以利用尤为重要。土壤改良和排水能够改变土壤条件，使更多的植物得以生长，但从长远来看，这种做法的成功率很低。

建造中的湿地

湿地植物可以用来装饰过滤灰水的芦苇种植床。同样，也可以用植草沟[1]来吸收多余的地表排水或屋顶水。在通常用于池塘蓄水的人工衬垫上穿出一些小孔，并把它铺在地面以下以减缓排水的速度，从而创造出一个人工沼泽，或者说，湿地环境。

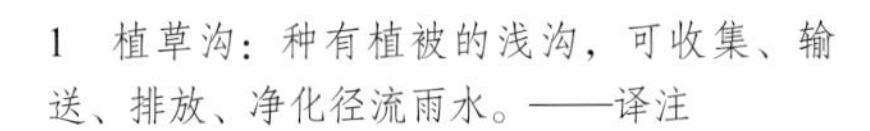

1 植草沟：种有植被的浅沟，可收集、输送、排放、净化径流雨水。——译注

前 5 名湿地植物

花蔺（*Butomus umbellatus*），种植于水边和浅水区；夏季开花，头状花序，花朵大且呈粉红色。

立金花，喜欢沼泽或水缘条件；春季开花，花朵呈明黄色。

千屈菜（*Lythrum virgatum* 'Dropmore Purple'），常见于潮湿的水边；花朵为紫色的穗状花序。

拳参（*Persicaria bistorta* 'Superba'），适合生长在潮湿土壤中的地被植物；花朵为粉红色的瓶刷状花序。

沼生水葱，水缘植物；优雅而高大，叶片纤细，呈草状。

也可以尝试在湿地中种植虎耳草、报春花、鬼灯檠、唐松草属植物（*Thalictrum*）和马蹄莲（*Zantedeschia*）。

芦苇通常具有入侵性，需要在过滤水体的种植池中小心地管理。在沼泽花园中可以使用小香蒲（*Typha minima*）。

原生草甸是禾本科植物、宿根植物和一年生植物的家园。它们不断变化的姿态为草甸平添了许多观赏性。

田野和草甸

这些生境是园林植物主要的来源之一，因为那里生长着众多的宿根植物（通常称为草本多年生植物）、禾本科植物和球茎植物。虽然一些宿根植物和禾本科植物也会长得很高，但这类生境主要是孕育较低矮的、生命力较为顽强的物种。

各种各样的植物在田野和草甸上茂盛生长，很少出现有物种疯长的情况，这对那些想要种植草甸植物的小花园主人来说无疑是件好事。某些草甸物种也能在林地中生长，因此，在小花园中任何荫蔽的草地上种植宿根植物都是可行的。

宿根植物与禾本科植物

多年生鬼罂粟（*Papaver*）或观赏草每年都会生长到同一高度，并在冬季凋零。有些植物，如玉簪花，它们生长在地面的部分会完全消失，而许多禾本科植物或宿根植物，如金光菊属（*Rudbeckia*），会保留它们的瘦果（即种子）和老叶，直到冬天结束。这时你就可以把植物留在地上的部分剪掉，然后期待它们新一轮的生长了。

草甸上的球根植物

与其成片地种植同一物种，不如在植物之间点缀一些球根植物。早春时节，球根植物可以为田野和草甸带来别样的风采，特别是在间作的情况下。有的球茎植物能够在不同季节展现出不同的趣味，有的则为种植方案增添层次和色彩。

草原和观赏草坪

传统来说，这些宿根植物和禾本科植物通常会在成熟以后开始繁殖扩散，因此需要定期分苗或间苗来对其加以控制。幸运的是，由于引进了丛生植物或低活跃度品种，以及限制植物自播，这种情况已经有所改善。由此生成的群落通常被称为草原或观赏草坪。

草原和观赏草坪具有特点鲜明的生长周期、可预测的生长速率、惊艳的花色和高度透光的叶子，这些意味着它们非常适合小花园。

前 10 名宿根植物与禾本科植物

沃尔特特蓍草（*Achillea* ‘Walther Funcke’），橙红色的扁平头状花序，能够与禾本科植物形成鲜明的对比。

杂交羽毛芦苇，高大直立的观赏草，很适合冬季观赏。

园艺品种发草（*Deschampsia cespitosa* ‘Goldtau’），柔软、轻盈、耐阴的观赏草。

博落回（*Macleaya cordata*），植株高大，毡状灰色叶片，淡黄色圆锥状花序。

中国芒草，中等高度的观赏草，开花早，红色的圆锥花序。

天蓝麦氏草（*Molinia caerulea* subsp. *caerulea* ‘Heidebraut’），纤细透光的穗状花序，很适合冬季观赏。

柳枝稷“重金属”（*Panicum virgatum* ‘Heavy Metal’），灰绿色叶子的草原观赏草。

俄罗斯糙苏（*Phlomis russeliana*），耐旱，毡状叶，柠檬色的花，瘦果，适合冬季观赏。

金光菊（*Rudbeckia fulgida* var. *sullivantii* ‘Goldsturm’），夸张的黄色雏菊。

林荫鼠尾草“卡拉多纳”（*Salvia nemorosa* ‘Caradonna’），深蓝紫色的穗状花序。

▶ 大阿米芹花在深蓝色的鼠尾草和羽状绿叶的大波斯菊之间，编织了一片纯白的蕾丝花边。

一年生植物

一年生植物也是典型的田野或草甸植物。它们通常需要依靠密集种植的方式以及鲜艳的花朵来呈现出美感。

通常一年生植物可用于荣誉表彰、夏季的花坛展示或作为永久性花园的装饰植物，尤其是在维多利亚风格或爱德华风格的花园里。

一年生植物的长期效果

21 世纪，在英国谢菲尔德大学（Sheffield University）的奈吉尔 · 邓内特（Nigel Dunnett）等研究人员的推动下，如诗如画的草甸景观改变了人们对一年生植物的看法。

在主要的生长季节中，一年生植物能够创造出彩色波浪般的壮观效果。虽然一年生植物主要被应用于规模更大的园林，但其不断更替生长的特点非常适用于小花园——你只需花费几包种子的钱，就可以得到缤纷的色彩和无穷的乐趣。

一年生植物在枯萎后需要被及时清理掉以便进行新一轮的播种。在小花园中，二次播种一年生植物前，也可以种植冬季作物、成熟较快的蔬菜作为过渡植物。

设计师布里娅 · 冯 · 舍纳伊奇（Brita von Schoenaich）就将这种种植方式应用在了英国伦敦泰特美术馆外的矩形边界中。

前 9 名一年生与二年生植物

大阿米芹（*Ammi majus*），植株高大，身披纤细、轻盈的羽状叶子，顶部摇曳着白色蕾丝般的伞状花序。

大波斯菊（*Cosmos*），羽状复叶之上盛开着盘状花朵，拥有许多变种，如胭脂红波斯菊和纯白波斯菊。

锈色毛地黄（*Digitalis ferruginea*），高大的铁锈色或杏色穗状花序，可以种植在观赏草之间。

蓝蓟（*Echium vulgare* 'Blue Bedder'），密集的蓝色穗状花序，配以深绿色的基生叶片，可以吸引蜜蜂。

林烟草（*Nicotiana sylvestris*），植株高大优雅，花朵呈狭长的白色喇叭状，在夜晚散发幽香。

黑种草（*Nigella damascena*），羽毛边缘状叶片簇拥着娇嫩精致的天蓝色花朵，是乡村花园中最常见的花卉品种。

大翅蓟（*Onopordum acanthium*），高大的银白色蓟类植物，适用于向阳的岩石景观中，可以吸引昆虫和鸟类。

彩苞鼠尾草（*Salvia viridis*），众多一年生鼠尾草的一种，整个夏天盛开深蓝色的花朵。

毛蕊花（*Verbascum olympicum*），植株高大，叶与茎身披浅灰黄色星状毛，花朵呈硫黄色，适用于岩石景观中。

绿篱

几个世纪以来，绿篱一直是景观中的常用元素，在许多国家都被用作隔离的屏障或定义土地所有权的边界。用于构建绿篱的材料通常来源于乔木、灌木混生的成年林地或林地边缘的残留植物。成熟的绿篱是野生动物绝佳的筑巢栖息地和食物来源。

从茅草到乔木，许多物种都可以用来搭建绿篱，不过通常要对它们进行修剪或者将其依次排成序列。

常用绿篱

常绿红豆杉是最受欢迎的花园绿篱，只要定期进行修剪，它就会生长得浓郁而繁茂，形成密不透风的绿色屏障。除此之外，落叶物种，如欧洲鹅耳枥和欧洲山毛榉，也很适合在小花园里种植。它们古铜色的秋叶经冬不落，为花园增添了无穷的趣味。

编织绿篱

通常会保留编织绿篱顶部的枝叶而将树干清理干净，如此枝叶便在高处形成了一道屏障，既不妨碍人们在下面行走，也便于种植其他作物。这种特定形式的绿篱，在保护隐私和遮挡不雅景观等方面起到了很好的效果。最适合做编织绿篱的落叶树种是酸橙和鹅耳枥，冬青栎（*Quercus ilex*）也是不错的选择。

圆柱体和球体

宿根植物有时会生长得过于繁茂显得杂乱无章，这时，借用单排圆柱状或块状树篱就可以成功地建立起秩序感。在这方面，锦熟黄杨是不二之选。它可以被修剪成低矮灌丛、长方体或球体等能够完美适用小空间的形状，而且又是常绿灌木，在冬天也能保持分明的形态。

前 5 名绿篱植物

锦熟黄杨，常绿灌木，小而有光泽的革质叶片，油绿色；它具有多种形态，适合低矮的树篱和花坛。

欧洲鹅耳枥，落叶树种，油绿色，叶脉分明，入冬后依旧能保留住秋季的古铜色叶片。

欧洲山毛榉（*Fagus sylvatica*），落叶树种，叶片边缘呈波浪状且富有光泽，入冬后，叶子依旧保持古铜色，属于彩叶树种。

葡萄牙月桂树，常绿树种，叶片大而富有光泽，是欧洲红豆杉的完美替代品。

红豆杉，常绿树种，常见于传统英式花园，其浓密的深绿色叶片构成了完美的天然屏障，能够很好地衬托其他植物。

一定要定期修剪绿篱，否则它们会长成一棵棵的大树。

► 鹅耳枥那精致的波浪形边缘的叶片可以在夏天遮挡出一片绿荫，同时又不会完全地挡住光线，即使在冬天，它们的叶片依旧保持着古铜色。

▶ 玫瑰的果实极大地延长了玫瑰树的观赏时间，即使过了夏季的花期，在秋冬两季，玫瑰果依旧能给人带来别样的乐趣。其中，灌木玫瑰的果实往往是最具观赏性的。

▲ 简琳娜金缕梅（*Hamamelis x intermedia* 'Jelena'）芬芳的花朵在晚冬摇曳生姿。这类灌木最适合在阴凉环境下组团种植。

灌木

丛生的枝干是灌木的主要特点，它们种类繁多，高度上的差别也很大，有的低于1米（3英尺），也有的能长到8～10米（25～30英尺），并且它们的冠幅几乎可以延伸到与其高度相当的尺寸。这些植物生长在低矮的灌木丛区域和林地边缘，可能混生在宿根植物和茅草之间，也可能独立地在林地中生长。正因为如此，一些灌木具有一定的耐阴性。

选择标准

因为灌木在高度和冠幅上的差异，所以在选择灌木品种时，重要的一点就是要与你的花园空间相匹配。精心修剪的确可以控制植物生长，不过这需要在特定的时间进行，才能确保植物开花不受影响。

除了尺寸之外，如果是落叶灌木，还可以根据其树皮和枝干的颜色、树叶的质地和颜色、花的色彩和香气、果实以及它在秋季呈现出的色彩，对植物进行选择。一些灌木，如金缕梅或瑞香属（*daphne*），都会在冬季散发出浓郁的花香。

灌木的形状也很重要，因为一些具有中央主干的灌木可以种植在其他乔木的树荫下。

前10名灌木

西伯利亚红瑞木（*Cornus alba* 'Sibirica'），其深红色的树干适合在秋冬季观赏，乳白色聚伞花序，有多种品种可以选择。

黄栌（*Cotinus coggygria*），羽状圆锥花序，花朵如紫色云雾般轻柔，火红的秋叶是它的一大亮点。

蜂蜜大戟（*Euphorbia*），圆润的绿色叶片，在春天盛开出芬芳的花朵。

"新娘"大花白鹃梅（*Exochorda x macrantha* 'The Bride'），适合春季观赏，椭圆形鲜绿色叶片，盛开茂密的白色花朵。

金缕梅（*Hamamelis mollis*），落叶灌木，冬季开花，伴有淡淡花香。

山梅花园艺品种（*Philadelphus* 'Belle Etoile'），落叶灌木，夏季开花，花朵呈白色，芳香馥郁。

蔷薇（*Rosa*）[1]，月季种类繁多，黑伍德月季色彩鲜艳，香气浓郁；勃艮第冰山月季为深红花色，花瓣呈天鹅绒质地；天竺葵玫瑰则拥有色彩缤纷的果实。

西洋接骨木（*Sambucus nigra f. porphyrophylla* 'Eva'），落叶灌木，紫黑色浆果，羽状复叶，盛开粉色小花；为了在秋季观赏到西洋接骨木的成熟果实，可以等到冬季再修剪枯枝。

黑果野扇花（*Sarcococca confusa*），常绿灌木，冬季开花，其细小的白色花朵香气浓郁。

"伊夫普莱斯"地中海荚蒾（*Viburnum tinus* 'Eve Price'），常绿灌木，可以作为屏障植物遮挡视线，深绿色小叶，粉白色花朵，冬季时会在枝头挂上金属蓝色浆果。

---

1 Rosa是蔷薇科蔷薇属植物的拉丁文统称，包括玫瑰、月季和蔷薇等。——译注

唐棣那娇嫩的花朵在初夏转瞬即逝。花落之后还有浅绿的叶子，为秋天增添一抹亮色。

林地和林地边缘

这两种栖息地是乔木的主要领地，林地边缘通常是由较小型的乔木和较大型的灌木组成，而林地本身则以大型树木为主。

林地树木

体型较大的树种，如酸橙、山毛榉和冬青栎，通常会在小花园中充当绿篱，而修剪平整的悬铃木（*Platanus*），以及某些枫树富有纹理的大叶片，则完美地装饰了窗棂。

树冠和栖息地

在评估树木是否适合小花园时，它们在垂直方向上的长势以及横向的扩张程度都是很重要的衡量因素，叶冠的透光程度和分枝习性也同样重要。桦树（*Betula*）、山梨（*sorbus*）或槐树（*sophora*）等树木在长势良好的情况下，会投下斑驳的树影，而枝干丛生的园景树种通常要矮于具有明显主干的树种。

在密集种植时，像桦树这样的树木会越来越瘦高，导致树冠之间的空间越来越狭小，从而影响彼此之间的采光效果。小型且颇具特色的树种包括盐肤木属（*Rhus*）、唐棣（*Amelanchier*）、小型的枫树以及木兰属（*Magnolia*）。

组合种植

可以把植物混合种植，就像那些原始栖息地一样——自然林地通常包括乔木、灌木、宿根植物和禾本科植物。在设计种植组合时，你需要仔细考虑可能会产生的阴影及其对采光的影响，还要充分考虑到周围植物之间潜在的生长竞争。

在一个小花园里，树木所造成的阴影是不可忽视的，除非树木死亡或被移除，否则几乎没有什么方法可以改变这一情况，并且，处于阴影中的土壤往往会相对干燥一些。因此，在设计时，应当从一开始就把这些条件考虑在内，并依此选择合适的物种来种植。

一个简化选择的方法

与其逐一从每种植物类型中进行选择，不如直接简化，在有限的范围内选择。例如，草甸类的物种能够形成一个相对统一的层次，你可以以此为背景，在其间再植入一些园景树，从而创造出空间感，树冠繁茂的园景树更具观赏性；或者可以将树篱修剪成柱状或立方体状，搭配松散种植的宿根植物，使二者形成鲜明的对比。

种植风格

色彩、植物、材料和空间上的运用能够反映出一个花园的风格和特色。将这些元素叠加在一起，便形成了其特有的设计方式，或者说一个完整的设计方案。你可以选择完全地借鉴一种设计风格，也可以将多种风格进行融合从而创造出属于自己的风格。

规则式花园种植

虽然传统上习惯将规则式种植单独归类为一种风格（见第58页），但它常常会作为一种元素出现在古典主义、工艺美术等设计风格中（见第66页）。对称是规则式种植的典型特征，因此草坪通常会被修剪成经典的几何形状，植物成排地立在上面或沿着中轴线均匀地分布两侧。

在林荫道的两旁或一侧重复种植某种灌木或园景树会呈现出很好的效果。或者，也可以考虑沿着边界墙以统一的模式种植攀缘植物。

树篱也是可以在花园中重复出现的景观，除此之外它还可以用来划定边界。树篱通常会和简单的地被植物一起种植，就像意大利和法国古典主义园林那样。英式园林风格（见第170页）的花园中也会出现统一的绿篱，但是受工艺美术时期的启发，种植在边界的绿篱会更加多样化。

▼ 树篱是规则式园林的典型特征。可以在对称的边界上种植种类丰富的植物，也可以简单地种植同一物种。

乡村花园种植

这种风格常常被看作是英国园林风格的特殊形式。乡村花园中的植物通常看起来丰富多彩、参差错落，它们充斥在花园的每一块可以种植的空间中。尤其是夏天，植物相继开花时，会产生一种令人心醉神迷的特殊魅力。

然而，这类花园也伴随着繁重的维护工作，为了维持整个花园的生态平衡，往往需要花费大量的时间和精力来修剪、分株和除草。

密集种植

乡村花园通常采用随机组合的方式种植植物。红豆杉、冬青属（*Ilex*）以及欧洲鹅耳枥等树木通常被修剪成特殊的造型或做成树篱，用以分隔区域。在这些树木之间还会穿插一些灌木和大量密植的宿根植物，它们茂密的枝叶肆意地伸展开来，将小路掩映在一片绿色之中。

玫瑰是典型的乡村花园植物，比如芬芳的福禄考（*phlox*），以及能够在整个花园中自行播种的红缬草（*Centranthus*）和斗篷草（*Alchemilla mollis*）。

其他特点

小面积的草坪或硬质铺装常常配以厚重的种植边界。许多乡村花园中也会种植水果和蔬菜（见第69页）。

◀ 乡村花园中的植物常以夏季开花的宿根植物为主，也可以掺杂部分一年生植物，这样会使花园看起来更丰富多彩，但相应地也需要更多的维护工作。

修剪平整但又不对称的种植方式是现代主义园林最突出的特点，垂直和水平方向的特征对比在这里被最大化。

现代风格花园种植

这种风格与日本园林设计极为相似，特别是在种植设计方面（见第 171 页）。

对比与和谐

垂直和水平的对比是现代花园的主要特征，但需要配以风格相同的建筑才能产生协调统一的感觉。设计上通常只选用有限的几种植物，以达到优雅简洁、宽敞大方的效果。

树篱在一定程度上起到了划分花园空间的作用，现代风格花园通常将同种灌木或宿根植物种植成长方体形状，以充分展现其颜色和纹理。也可以将灌木或乔木作为雕塑性园景植物种植，单独种植或三五成排地种植皆可（见第 60 页）。

自己动手设计

自己设计

- 同种色系的深浅不一。
- 在通常情况下，园丁会将不同的颜色进行混合，但其实简化颜色的选择更能够突出色彩，也更利于营造氛围。
- 选择一个主花色，比如红色，然后配以同色系不同深浅的颜色一起使用。红紫色的花可以增强景深，而红橙色的色调则会使花朵在排列上显得更加紧密，但总体效果仍然是红色的。相关颜色的选择请参见第 44~45 页。
- 与红色搭配时，紫色会被视为暖色；而与蓝色搭配时，紫色则被视为冷色。减少植物的种类，既简化了设计过程，又突出了观赏效果。

地中海风格种植

虽然作为一个区域概念，地中海涵盖了广泛的生境和花园类型，但地中海种植风格一般是指法国南部、西班牙和意大利马基斯地形的旱生岩石花园（见第 72～73 页）。

这类花园中的道路和种植区域常以碎石覆盖，因此种植床通常没有明确的边界。植物在碎石中生长，同时碎石也起到了抑制杂草的作用。正因为如此，这种种植方式通常是开放的和随机的。

低矮的宿根植物、灌木和小乔木混合种植在一起，在整个花园中随机分布。精心修剪的树篱，例如黄杨，经常被当作特色植物来种植，有时也会用来划分花园内的区域。

可食用或有香气的植物

孤植园景树，如月桂（*Laurus nobilis*）、橄榄（如果当地气候允许）、金雀花（*Cytisus*）或合欢属（*Acacia*），因其盘旋的虬枝或者飘逸的风姿而广受欢迎；大戟属、薰衣草和岩玫瑰（*Cistus*）则是低矮灌木或宿根植物中最常种植的物种。

针茅属（*Stipa*）等观赏草能起到柔化的作用，与观赏葱（*ornamental onions*）和匍匐百里香（*creeping thyme*）搭配种植效果良好。大部分的植物都是有香气的，许多烹饪香料，如迷迭香，就是典型的地中海风格植物。

◀ 在这个摩纳哥风情的花园里，金棒兰（*Yucca aloifolia*）那锋利如剑的叶子作为背景，完美地凸显出了蓝色总花猫薄荷（*Nepeta racemosa* ‘Walker's Low’）和橙色双距花（*Diascia* Little Tango）之间的对比。

英式花园种植

虽然这种种植风格是从 20 世纪初的工艺美术运动中发展而来的（见第 66 页），但是直到 20 世纪 50 年代后，得益于罗斯玛丽 · 弗利和佩内洛普 · 霍布豪斯等园林设计师的推广，这一风格才以“英国园林”这一概念而广为人知。

色彩更替

这种设计风格是以边界为基础的，借鉴了埃德温 · 鲁琴斯爵士和格特鲁德 · 杰基尔爵士设计的规则式花园的绿篱间隔。灌木和宿根植物被精心地设计在以色彩为主题的花叶组合中，从晚春到秋季，色彩更替，连绵不断。

由红豆杉或鹅耳枥修剪而成的树篱围绕着每一种主题颜色的种植展示，作为背景的边界墙也可以采用这种方式。

由于小花园的空间有限，所以应该控制色彩主题的数量。

冬季的一项挑战

这种种植方案需要频繁、细致地维护，以保持其观赏性。尤其冬季时要格外注意，因为宿根植物此时处于休眠状态。但是，如果为了冬季的观赏性而种植灌木，那么反而会破坏花园在夏季的整体效果。

▶ 工艺美术风格的流行主要基于将宿根植物和二年生植物的色彩组合在一起。图中，重复使用的斗篷草将各种复杂的元素联系在了一起。

日本园林种植

日本风格的小花园一般选择小型树木，或将树木修剪成一个特定的形状（见第 70 页）。可以将灌木密集种植，并修剪成低矮且自然连绵的树篱形式。

西方园林在借鉴日本园林风格时，经常会疏于管理，结果导致花园的魅力和特色都丧失殆尽。

典型的植物选择

日本枫树（*Acer japonicum*，*A. palmatum*）、桦树、竹子、茶树（*camellias*）或矮松（*dwarf pines*）是花园中关键植物的热门选择，而玉簪花、野扇花（*Sarcococca*）、杜鹃或南天竹（*Nandina*）则是圆丘状种植特色的首选。

苔藓也是最受欢迎的植物之一，经常种在疏朗的树荫下，宛如一幅抽象的林地景观画卷。

这里的铺装纹理暗示了花园的道路走向，种植背景屏障与之形成鲜明的对比，而巨石则成了景观中的视觉焦点。

自己动手设计

创造一个富有层次的栖息地

- 通常将植物以松散或群落的方式种植，这样可以利用它们在小花园中创造层次。
- 典型的景观种植层包括低矮的观赏草、铺地植物、草甸植物、灌木、绿篱以及林地。尽管这些植物类型可以同时出现在花园中，但是限制它们的种类可以使结构更加开阔，并简化种植方案。
- 种植在装饰草甸层的丛生树，如唐棣、苹果属（*Malus*）或山茱萸（*Cornus*），能够使花园更加明亮、宽敞。可以在低层植物中应用颜色和纹理相互映衬的方式，而较高的树木则可以被精心种植在需要遮掩或阻挡视线的地方。

通脱木（*Tetrapanax*）的壮观叶片是这丛绿叶组合的焦点，周边搭配了蓖麻（*Ricinus communis*）和加那利海枣（*Phoenix canariensis*）。

观叶植物

19 世纪，欧洲人开始游历各国，他们对具有异国情调的植物非常喜爱，很幸运，这些外来植物大多能够在凉爽的温带茁壮生长。

大量的植被

观叶植物夸张的形态和超大的叶片能够凸显出花园的丛林（见第 76 页）或绿洲主题，应该把这类植物种植在边界不明确的大种植床中。引人注目的高大禾本科植物，如芒草，可以与竹子、芭蕉和新西兰剑麻（*phormium*）混合种植，从而突出它们夸张的叶片形状和纹理。

夸张的花朵

夸张的树叶需要匹配像大丽花、美人蕉、火星花（*Crocosmia*）和萱草这样夸张的花朵，如此才能产生光彩夺目的效果。

一年生植物也是不错的选择，但要依照季节进行种植或者栽种在花盆里，这样便于移动。

自然式种植

几个世纪以来，自然式种植一直是颇受欢迎的造园方式。其设计以反映自然为理念，但不一定要保留其原始形态。19 世纪末，威廉 · 罗宾逊（William Robinson）关于将异国植物和本土植物结合种植的想法对这一造园方式起到了关键性影响。

20 世纪，在荷兰和德国，罗宾逊的原始概念得到了发展和完善，而在英国，这种风格则逐渐倾向于一种更具装饰性的种植方法。

欧洲大陆

现在众所周知的新宿根植物运动，是指通过将宿根植物和观赏草相互交织、成组种植，呈现出肌理丰富、色彩缤纷的自然效果。麦氏草（*Molinia*）、羽毛草和旱黍草（*Panicum*）等透光度好的观赏草经常用来柔化鼠尾草（*Salvia*）、老鹳草（*Geranium*）或美国薄荷艳丽的花色。

这类种植方案通常以宿根植物和观赏草为主，因此经常引入修剪平整的树篱，以此在整体设计中提供一种秩序感和结构感。

英式方法

该种植模式中的植物是从同一生境内选择的，但不一定来自同一个国家或大陆（见第 66 页），这样既保证了植物的多样性，又减少了引入侵略性物种的风险。

在设计一处小型的独立空间时可以限制植物的颜色，在秋冬两季仍然具有观赏性的宿根植物和禾本科植物都是不错的选择。

草原式种植将富有纹理的观赏草、五颜六色的宿根植物和球根植物搭配在一起，这种层次分明、彼此交织的随机的种植方式，通常被称为自然主义风格。

生产性种植可以成功地融入观赏性花园中。紫色卷心菜和线条挺拔的甜玉米并排生长，与柳叶马鞭草的色彩相映成趣。

生产性作物

蔬菜、水果和香料植物园艺在21世纪初开始了某种程度的复兴，这是因为人们现在对食物的来源更感兴趣。因此，家庭花园经常会开辟出一片作物生产区域。

在某种程度上，作物的种植地点取决于你选定的植物，以及你计划在园艺上花费的时间（见第204页）。最初在设计花园时，就要将这些需求考虑清楚。

通常，人们习惯为蔬菜、水果、香料植物等生产性作物单独开辟一个区域种植，或者种植在花园中装饰性边界和规则式种植区域以外的地方。但现在人们更愿意让生产性植物在花园中占据更重要的地位，或者将它们与更多的装饰性植物结合起来。

混合种植床

许多香料植物都能够同其他植物混合生长，像覆盆子（*raspberries*）、黑醋栗（*blackcurrants*）等软皮无核小果也是如此。其他作物，如土豆、胡萝卜、生菜和卷心菜等，都需要为它们单独开辟一个种植区域，可以成排种植，也可以种在抬高的种植床上。还可以在种植床的边缘或者蔬菜的行间种植一些装饰性植物，这就是所谓的“伴生种植”。

▲ 矮小的苹果树整齐地矗立在高高的木材种植箱旁边。较高的种植床更方便我们欣赏和照料作物，就像图中的辣椒一样。

自己动手设计

在小空间内种植食用作物

- 因为面积非常有限，所以你需要充分发挥想象力，才能在小花园中同时种植水果、蔬菜和香料植物。
- 在墙体和窗台上安置吊篮和种植槽，或者也可以尝试垂直种植系统（见第114页）。
- 如果你的小花园采光良好，可以种植一些香料作物，如韭菜、薄荷、芝麻菜、鼠尾草或九里香，它们都可以在一个夏天里多次收割。
- 收割后又能重新生长的蔬菜，比如菠菜和甜菜，只会占据很小的空间，并且可以定期收割。芹菜、生菜和豌豆的幼叶可以拌在沙拉里，口感很清爽。

修剪得体的锦叶黄杨球和纤细的箱根草叶片形成了鲜明对比。圆形的水池映出周围植物的倒影，更突出一种寂静感。

极简种植

极简主义起源于现代主义（见第 60 页），它省掉了不必要的装饰物，发展成了一种更具特色、更极致的风格。极简主义强调元素的简单性和纯粹性，这一点与强调种类丰富的乡村花园风格截然不同（见第 167 页），二者属于两种相反的极端。

完全简化

极简主义种植设计的重点在于，要精挑细选出能够完美适应任何环境的植物，以及尽量精简植物的种类。最极简的方式，可能只在花园里种植一类物种，甚至单独种植一株植物。

虽然有时我们选择一棵树仅仅是被它的某一种特征所吸引，但一棵能够在不同季节展示出不同观赏价值的树，显然更具吸引力。唐棣、黄金树（*catalpa*）、桦树、日本枫树就属于后者，因为它们同时具有以下多种属性——在春季开出美丽的花朵，浆果也都独具特色，而且它们的树皮也都有很高的观赏价值。不仅如此，这些树的叶子颜色还会在秋季变得鲜艳夺目，或者呈现出美观的枝干形态 。

大面积块状种植

质地密集的草本地被植物（如墨西哥羽毛草）与球根植物 [如观赏葱或紫百合（*Camassia*）] 套作种植，是一种典型的延长植物观赏周期的种植方案。简单、有序、分区种植的攀缘植物，如铁线莲，会垂直生长出富有光泽的常绿叶子；常绿、芳香的络石也能最大限度地利用空间，同时装饰墙壁。

概念性种植

在概念种植设计中，可以通过两种不同的种植方式来栽种你选择的植物：重复种植大片相同的植物以展示其纹理；或是搭配大量丰富多彩的鲜艳植物色块以传达出你的想法和种植理念（见第 65 页）。

宝贵的组成元素

宿根植物和一年生植物在概念种植中发挥了良好的作用，它们浓重的色彩常常被用来表达设计者的思想。颜色鲜艳的树叶也可以强化这些概念。

虽然人们通常喜欢利用密集或重复的种植形式来实现特定的视觉效果，但也需要把树叶的纹理以及透光度，或是植物的形状考虑在内。

▼ 明亮的红色汀步蜿蜒穿过潮湿的草地，与“七叶树美女”[1]的鲜红色花朵形成了鲜明对比。

1 七叶树美女：一种观赏芍药。——译注

▲ 在这片层次丰富的可持续性草原种植区域中，淡紫松果菊（*Echinacea pallida*）娇嫩的花瓣在红宝石般的丹麦石竹（*Dianthus carthusianorum*）上摇曳多姿。

可持续性种植

可持续性有许多不同的解释——循环利用、可再生资源、生物多样性、环境保护和有机园艺，但从某种程度上说，它们都与可持续性花园的理念有关。

作为一种种植方式，可持续性种植意图创造一个平衡的物种群落、一个能够在生态上蓬勃生长的栖息地（不一定是装饰性的），这种群落一旦建立起来，几乎不需要去经营照料。要实现这一点，需要先评估花园内的条件，根据这些条件进行种植，而不是改变土壤——比如通过加入改良剂或有机物。

另外，使用过滤床中净化的灰水（见第 152 页），可以在可持续的条件下建立一片人工湿地或水缘植物种植区（见第 150～151 页）。

养分含量低的土壤

贫瘠或养分含量低的土壤中也存在生态系统，所以你完全不需要恪守园艺中定期施肥的基本法则。

许多花园实际上需要的是降低土壤的养分含量，这样竞争力弱的开花植物才能茁壮成长。事实上，英国谢菲尔德大学的詹姆斯·希区莫夫（James Hitchmough）发现，草原植物的混合种子种植在砖末和沙子的种植床上效果最好。

长期和短期种植

对于一些人来说，他们现在的房子就是未来的永久居住地；但对于另一些人来说，这只是他们的一个短期的临时住房。因此，小花园的种植方案也需要依据不同的情况进行调整。

短期种植

对于短期使用的花园，最好的种植物选择或许是可食用作物或一年生草本植物、宿根植物、禾本科植物、攀缘植物以及小灌木，因为它们的成熟期短，成本也相对较低。可以购买宿根植物和禾本科植物的小型盆栽，它们会迅速生长成枝叶繁茂的成熟形态。而较大的灌木和树木则需要更长的生长周期，因此应尽量避免种植这类植物，以免给未来的居住者带来困扰。

长期种植

如果你打算长居于此，为什么不种下一棵大型植物呢？比如一棵树。这样你就可以见证它从幼苗长成参天大树的全过程了。

一棵树苗的价格相对便宜，而且容易成活，生长速度快，不过如果要真正成为花园中的一处景观，它还需要几年的时间。

我们也可以选择种植相对成熟的树木和灌木，但它们的成本要高得多，这类植株的价格通常取决于它们的整体尺寸、特征和稀有程度，而且成活率也相对较低。不过对于长期居住的人来说，花费更高的成本似乎也是值得的。

改良计划

在规划长期花园时，需要考虑土壤条件的变化，尤其是刚栽种的树木附近的土壤。随着树冠的生长，树荫的面积会越来越大，花园会变得更加阴凉，生长在下面的原住植物可能会不适应这种阴影条件，因此需要替换耐阴的植物。

自己动手设计

花盆里的球根植物

- 球根植物总能给花园带来令人愉悦的色彩，但在狭小的空间里，它们可能会湮没在其他植物中。
- 球根植物的种植深度应是其植株高度的 2 ~3 倍。
- 将球根植物种植在容器中，可以凸显出它们的季节性效果，特别是在各类品种搭配种植的情况下。不过，要注意根据种类在不同的深度分层种植。像水仙花属（*Narcissus*）这样的大型球根植物需要更深的种植深度，而像雪钟花（*Galanthus*）和番红花这样在早春开放的小球根植物，可以种得较浅一些。
- 种植植物是为了观赏植物在季节交替中逐渐变化的趣味，或者也可以将色彩大胆地组合在一起，作为花园中的一大亮点。

由毛地黄、地杨梅属（*Luzula*）和苹果蕨属（*Matteuccia*）随意组成的群落，在绿瓶光叶榉（*Zelkovia serrata*‘Green Vase’）和小花七叶树（*Aesculus parviflora*）的树荫下恣意生长。

把植物种植在一起

即使是在一个小花园里，种植床或种植区域的面积也应该尽可能地大，这样才能最大限度地收集雨水，使植物更好地生长（见第37页）。另外，宽敞的种植区也可以种植尺寸较大的植物，同时便于人们从深度、高度、规模和比例等各方面对植物进行设计。

植物的高度和冠幅

在详述植物和苗圃的书籍中，目录通常是根据植物的高度和冠幅来对其进行分类，了解植物在成年时期的高度是很有必要的，因为通常情况下植物的高度是固定不变的，但冠幅却是多变的。书上记录的植物冠幅尺寸一般是基于最佳生长条件，这便忽略了环境和竞争植物可能带来的影响。

当与不同种类的植物一起种植时，单个植物的生长情况也会表现得很不同，虽然其高度通常如书上所描述的那样，但是它们的冠幅会相应地发生变化。在某些情况下，特别是对于幼年树木来说，密集种植会限制其冠幅的大小，但因为植物间会互相争夺光照，所以它们的高度会增加。

平面图中的植物

在设计图中，通常以圆圈表示植物，比如冠幅60厘米（24英寸）的植物会被表示为直径60厘米的圆形。通过将一系列的圆形紧密地排列在一起，你就可以估算出某一种植区域内需要多少植物。这一方法通常用来估算单位面积内可种植的植物数量。1平方米的区域内一般可以容纳3株冠幅为60厘米的植物，这样的距离成长起来的植株，形状看起来就像一系列圆丘一样。

不过，像香绵菊属（santolina）这样圆丘状的幼年植株，需要生长一段时间才能达到60厘米的冠幅，在这期间，杂草很容易在空出来的土地上肆意繁殖，也因此增加了维护的负担。

重叠植物

如果你在设计图上把每个直径为60厘米的圆圈重叠10厘米（4英寸），那么每株植物就只占用50厘米（20英寸）的空间。这样一来植物们就可以更快地生长在一起，它们连在一起的形状看起来会更像涟漪或者波浪，而不是独立的圆丘。

使用这种重叠的种植方法，每平方米可种植的银香菊的数目将从3个增加到4个，成本也会更高。同时，由于土壤被更严密地覆盖住了，相应地杂草入侵的风险也降低了。

更大的密度

可以通过将设计图上的圆圈重叠20厘米（8英寸）来进一步提高种植密度。这样，每棵植物就只占用40厘米（16英寸）的空间，每平方米可种植6棵植物。这些植物的枝叶会迅速地连在一起，形成更稳定的植物群，不过这也会掩盖住银香菊的一部分圆丘状特征。这虽然是成本最高的种植形式，但它也减轻了短期内的维护负担，因为植物之间的空地会被迅速覆盖。另一方面，从长远角度来看，日后可能有必要移除一些植物，从而缓解植株之间过度拥挤的情况。

不同的物种

需要记住的一点是，植物的种植密度与书上记录的植物冠幅没有直接关系，冠幅仅可用作指导信息，尤其是计划将不同物种的植物种植在一起时，这一点尤为重要，因为重叠的种植方式不仅美观，也更加经济实惠。

◀ 图中，银香菊被成排种植来当作规则式香草种植区的边界，为了达到这种效果，植株之间需要非常紧密地种植在一起。

▲ 种植密度可根据你想要达到的效果而定，自然状态下的香绵菊，其花和叶仿佛宽大的椭圆形靠垫一般。

自己动手设计

进入大面积种植区域的方法

- 在小花园中，大面积的种植区域可以带来很好的效果，但同时也因为它们难以进入而不便于维护和保养。
- 可以在种植床内巧妙地加入汀步，这样就不会显得太过突兀。
- 在种植床后面可以留出用于维护的小路，如果小路后面有树篱作为背景，那么这条小路就可以同时作为通往植物和树篱的隐蔽通道。
- 维护小路可以用简单和低成本的材料构建，比如木屑或碎石。在一年之中大部分的时间里，种植床后面的高大植物都可以将小路很好地遮挡起来。

1

2

3

4

▲ 观赏葱的种球在初夏干燥后依然具有装饰性，并且可以作为一种特色装饰物保留下来。

1. 荷兰花葱“紫色激情”（*Allium hollandicum* ‘Purple Sensation’）是一种很受欢迎的晚春开放的球根植物，它那高大、紫色、球状的头状花序可以从周围的宿根植物和禾本科植物中脱颖而出。

2. 刺芹属（*Eryngium*）具有装饰性的蓟状花序，如扁叶刺芹（*E. planum* ‘Blaukappe’），可与纤细的观赏草，如墨西哥羽毛草，进行套作，能产生良好的效果。

3. 另一种备受欢迎的套作物种是拥有穗状、透光花序的柳叶马鞭草。它适合与高大的观赏草一起种植，如麦氏草和芦苇草。

4. 大量的观赏葱和蕨类混合种植，为毒豆和紫藤那壮观、鲜明的花簇提供了底层背景。

套作种植

可以在套作时调整植物间距（即将植物作为过渡时期的特色植物或填充植物），这些套作的植物只在其相对较短的生长周期中需要空间生长。

例如，球根植物所占的空间就很小，因为它们的茎可以在周围其他植物间穿插生长。观赏葱、紫百合和郁金香就属于这一类，随着时间的推移，它们会逐渐枯萎。毛地黄、马鞭草、独尾草属（*Eremurus*）和一些刺芹用来做填充植物也是不错的选择。需要注意的是，在组合植物之前就应该对套种植物的生长周期和开花时间加以考虑。

区域种植

如果你想要在较大区域内种植单一物种，那么只要确定了植物相隔的间距以及植物之间的密度，就不必在图纸上单独画圆表示植物。在图纸上测量出种植区域的整体尺寸，然后在网格交叉点处标注出植物之间的间距即可，如此便能估计出这片种植区共需要多少植物。

植物属性

在翻阅参考书籍或者苗圃植物目录之前，不妨先明确你花园中的植物属性，并制作一份种植说明，这样一来你就可以在查看这些参考资料时明确什么样的植物类型、季节特性、植物高度或花卉颜色是你想要的了。

接下来，需要将植物的属性信息与实际的土壤类型和 pH 值相对应，还要考虑到花园的朝向、风力（尤其是沿海地区或楼顶花园）、降雨量、花园内部的小气候等问题，以及现有植被可能产生的阴影或导致土壤干燥的条件。

在制作植物属性说明之前，你需要先回答以下问题：

你希望植物起到什么作用？

这是首先需要重点考虑的问题。如果你的答案是遮挡视线或增加花园的私密性，那么你可能需要寻找具有一定高度、枝叶茂密一些的或者常青的植物。其他作用包括覆盖地面、生产作物、散发香味、吸引野生动物或提供树荫等。

你想要种植什么类型的植物？

乔木、灌木、攀缘植物、树篱、宿根植物和一年生植物，哪一类植物的功能和装饰效果最符合你的需求？或者是其中的一两种？

你喜欢哪种种植风格？

从第 166～177 页所描述的种植风格中选择一种你喜欢的风格，看看不同类型的植物之间是如何进行搭配组合的。

你对花园整体（特别是种植方面）的设计概念或主题想法是什么？

这个问题涉及你对植物特点、颜色和透光度的选择，以及之后每一天的光影变化对小花园内植物所产生的影响。

主要的季节观赏价值是什么？

人们总是雄心勃勃地试图在花园里种植多种不同的植物，好让小花园一年四季都能呈现不一样的风景。但这是一个错误想法，特别是对一个小花园来说，因为小花园中的空间是极其宝贵的。

最好的方式是选择那些随着季节变化而展现出不同特色的植物，或者只选择一个季节作为主题。这种方式被称为集中优势种植，因为它既能随着季节变化不同的景色，又能有效利用空间。

其他设计问题

再到你的植物属性列表中，你还需要考虑一些其他问题，如具体的颜色主题和种植组合，或者树叶纹理的对比；植物的茂密程度或透光度以及植物的形态也可以一同考虑在内。

修剪平整的白桑（*Morus alba*‘Platanifolia’）高耸地矗立在低矮的香料植物和其他可食用植物之间，其笔直的树干和茂密的枝叶使人眼前一亮，地面上则覆盖着用来保湿的沙砾。

设计练习

将理论与实际相结合

这项练习的目的是为了减少在选择和购买植物时冲动消费的心理。事先要明确场地的实际情况和设计需求，以便挑选合适的植物，而依据设计理念选择的植物彼此之间的关联性也更强一些。

需要做什么？

这项练习的各项标准已经给出，包括设计主题（“让我们聚会吧”），而场地是一个狭长的矩形。第一步，你需要通过汇总植物属性（见第 184 页）来确定种植需求。根据植物属性的信息，你可以草拟一个可选植物的列表。

背景：一面高达 1.8 米（6 英尺）的围墙环绕并保护着花园，因此需要设计一个长 6 米（20 英尺）、宽 2 米（6.5 英尺）的种植边界。
主题：“让我们聚会吧”。
植物最高高度：3 米（10 英尺）。
植物最低高度：20 厘米（8 英寸）。
植物类型：灌木、宿根植物、禾本科植物、球根植物。
观赏季节：晚春到夏季。
花朵颜色：蓝色、紫色和少量橙色。
叶片颜色：绿色 / 灰绿。
纹理：大叶与小叶混合搭配。
土壤：中性至弱碱性。
朝向：向南。

种植建议

主景或关键植物：重复使用杂交羽毛芦苇，或者选用博落回。
背景或辅助观花 / 彩色植物：“淡紫丽人”蓍（*Achillea millefolium* ‘lilac Beauty’）、扁叶刺芹、火炬花（*Kniphofia* ‘Tawny King’）、俄罗斯鼠尾草“蓝色塔尖”（*Perovskia* ‘Blue Spire’）、林荫鼠尾草“卡拉多纳”、条纹庭菖蒲。
背景或辅助观叶植物：柳枝稷“重金属”、墨西哥羽毛草。
用于填充空隙的植物：荷兰花葱“紫色激情”、锈色毛地黄、独尾草（*Eremurus* x *isabellinus* ‘Cleopatra’）。

由高大直立的芦苇所主导的边界种植，能体现出一种随意性，跳跃的色彩和植物的律动象征着聚会的五光十色。选择博落回是因为它高度适中且造型夸张，摇曳多姿的叶片和叶片背面的白色绒毛显得格外生动，甚至那高高的淡黄色圆锥花序，都与芦苇搭配得恰到好处。

背景（中性）植物

根据蓝色和紫色的主题，低层的植物选择了开花的宿根植物：鼠尾草、俄罗斯鼠尾草和蓍草，其中掺杂了刺芹、火炬花和条纹庭菖蒲。马唐草（*crab grass*）和墨西哥羽毛草提供了生机勃勃的动感和精细的纹理。观赏葱、毛地黄和独尾草以套种的方式种植在下层空间，能够产生短期的观赏效果。

除了需要最先确定的主景（关键植物）之外，其他植物应当大面积地种植，从而凸显出它们的颜色和纹理。用来填充空隙的植物可以点缀其间，作为一种很别致的装饰。

1. 锈色毛地黄具有高大的、铁锈色或杏色的总状花序，经常被用作主景或背景植物。
2. 墨西哥羽毛草随风摆动，呈现出动态的光影效果，在众多彩色宿根植物中熠熠生辉。
3. “淡紫丽人”蓍为种植区域添加了一抹优雅的色彩，它那扁平的头状花序与竖直的茎形成了鲜明对比。
4. 扁叶刺芹的花为浓郁的蓝色，拥有刺果状的放射头状花序。
5. 林荫鼠尾草“卡拉多纳”为边界种植增添了浓郁而艳丽的色彩，它的花期可以贯穿整个夏天，甚至能持续到初秋。
6. 火炬花拥有笔直而亮眼的橙色或柠檬黄色花朵，是一种引人注目、生机勃勃的植物。

2

3

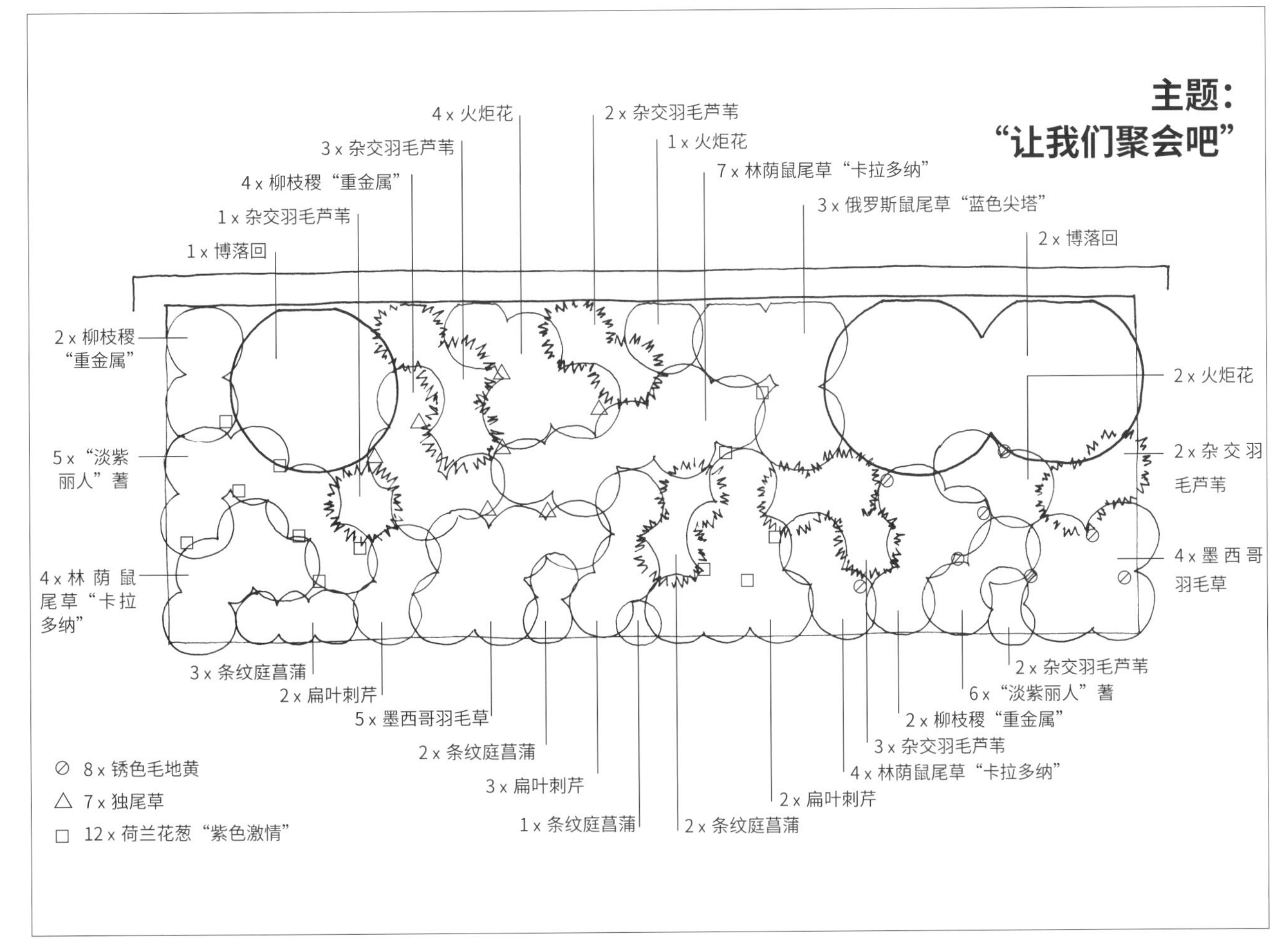

主题：
“让我们聚会吧”
4 x 火炬花
2 x 杂交羽毛芦苇
3 x 杂交羽毛芦苇
1 x 火炬花
4 x 柳枝稷“重金属”
7 x 林荫鼠尾草“卡拉多纳”
1 x 杂交羽毛芦苇
3 x 俄罗斯鼠尾草“蓝色尖塔”
1 x 博落回
2 x 博落回
2 x 柳枝稷
“重金属”
2 x 火炬花
5 x “淡紫
丽人”蓍
2 x 杂交羽
毛芦苇
4 x 林荫鼠
尾草“卡拉
多纳”
4 x 墨西哥
羽毛草
3 x 条纹庭菖蒲
2 x 扁叶刺芹
5 x 墨西哥羽毛草
2 x 杂交羽毛芦苇
6 x “淡紫丽人”蓍
2 x 柳枝稷“重金属”
2 x 条纹庭菖蒲
3 x 杂交羽毛芦苇
4 x 林荫鼠尾草“卡拉多纳”
3 x 扁叶刺芹
2 x 扁叶刺芹
1 x 条纹庭菖蒲
2 x 条纹庭菖蒲
⊘ 8 x 锈色毛地黄
△ 7 x 独尾草
□ 12 x 荷兰花葱“紫色激情”

4

5

6

花园的焦点还是花园的背景？

主景（焦点）植物通常需要具有特别的吸引力，例如壮观的花朵、装饰性的树皮或者富有建筑感的形态，而背景植物的作用主要是通过其叶片来衬托活泼奔放的主景植物。

乔木

主景植物：二乔玉兰（*Magnolia x soulangeana*）（1），河桦（2）

背景植物：欧洲冬青（*Ilex aquifolium*），女桢（*Ligustrum lucidum*）

宿根植物

主景植物：俄罗斯糙苏（3），高山刺芹（*Eryngium agavifolium*），博落回

背景植物：萱草（4），红拳参（*Persicaria amplexicaulis*'Alba'）

禾本科植物

主景植物：狼尾草（*Pennisetum alopecuroides*'Hameln'），杂交羽毛芦苇（5），中国芒草

背景植物：园艺品种发草，箱根草（6）

湿地植物

主景植物：七叶鬼灯檠（*Rodgersia aesculifolia*）（7），欧紫萁（*Osmunda regalis*），马蹄莲

背景植物：茨菰（*Sagittaria sagittifolia*）（8），穗乌毛蕨（*Blechnum spicant*）

灌木

主景植物：栎叶绣球"冰雪女王"（*Hydrangea quercifolia* Snow Queen），山梅花园艺品种，紫珠（*Callicarpa bodinieri* var. *giraldii*'Profusion'）

背景植物：锦熟黄杨（10），薄叶海桐（*Pittosporum tenuifolium*）

1

2

3

4

5

6

7

编写设计说明

可以根据植物的特点进行简单的分组。因为不是所有的植物都能作为花园里的主角，所以有些植物（通常被称为普通植物或背景植物）就被用来充当那些更具特点的植物的背景。最常见的背景植物是树篱、黄杨和红豆杉，它们为五颜六色的植物或大叶植物提供了绝佳的背景。地中海荚蒾（*Viburnum tinus*）和长阶花属（*hebe*）这类的小叶植物，以及墨西哥橘花或墨西哥羽毛草等观赏草也具有同样的作用。没有这些背景植物，精彩的主景植物就无法奏出和谐的乐章，因为它们会在每个节点都吸引着你的注意力，造成视觉疲劳。

主景植物

你需要谨慎地编写设计说明，这样才能使主景植物最大限度地展现自己的特色。这些植物通常长得较高，而且造型独特，颇具建筑感，具有夸张的极具装饰性的叶子，开出的花也总是五彩缤纷或别具一格。除此之外，它们的树枝或茎干通常也会显现出独特的颜色或纹理。

几种选择

无论是单独种植主景植物，还是搭配其他植物组合种植，主景植物都能起到画龙点睛的作用。或者，也可以将主景植物种在花园内的焦点位置上，比如从房屋向外看时的视觉中心，或者是小径的主要交会处用以强调方向变化。如果能将主景植物种植在座椅旁边，或者与一件雕塑相呼应，那无疑会为整个设计锦上添花。

8

9

10

合理选择种植，减少自己的维护工作

在对花园进行设计和选择植物的过程中，一定要结合实际情况考虑日后长期的场地维护和园艺栽培工作，这一点十分重要。即使在一个面积不大的小花园里，这项工作也有着一定难度。

举个例子，如果你有一份全职工作或者家里有刚出生的小孩，那么你能花在园艺上的时间就会比较有限，因此，你需要分配好自己的时间，然后尽可能选择你能够掌控的植物和花园整体的设计组合。这是一种更加稳妥的方法。如果你感到无从下手的话，不如就先选择结构简单且容易搭配的植物，毕竟在以后的日子里，你还有很多机会为花园添加更为复杂的设计。

▲ 铺装以及简单、密集地种植可以有效地减少日常维护工作，让你有更多的时间坐下来享受花园。

乔木

乔木是相对容易种植以及维护的。但是如果选择了生长失控或过于成熟的树木，就意味着加大了维护工作的难度。桉树（*Eucalyptus*）是一种速生树种，能够在不到10年的时间内长成一棵成年的大树。刺槐（*Robinias*）具有轻盈、透光的树冠，很适合种植在小空间里，不过相应地，树枝脆弱易断也是它一个缺点。

所有的乔木，无论是常绿树种还是落叶树种，都会全年持续不断地掉落叶子、花瓣、种子、浆果，甚至是细小的树枝，所以需要一些基本的维护。而落叶乔木会在某一季节里掉光所有的叶子，需要花费大量的时间才能将这些落叶清除干净。并且这些落叶还会堵塞下水道和排水沟，如果你想让它们自然腐烂成护根覆盖层，那就需要留出空间，把它们单独堆放在一处。

▲ 密集种植植物使其覆盖住土壤，这将减少甚至避免杂草生长，同时也增强了植物的纹理以及颜色所带来的视觉效果。

灌木

虽然灌木也分常绿树种和落叶树种，但相对于树冠庞大的乔木来说，它们的落叶量要小得多。并且灌木不需要太多的维护，除非它们生长得过于茂盛。不过大多数的灌木还是需要至少一年修剪一次，以维持其良好的形态，并促进下一年开花，这一点你在初步拟选植物名单时就应该考虑清楚。某些特定形状的月季也需要定期修剪。和其他植物一样，修剪灌木的时机也是很重要的。

▲ 土工织物配合碎石覆盖物能够有效减少杂草的侵扰，同时还可以降低种植密度，从而充分展示出每种植物或植物组合的外观。

树篱

人们往往误以为树篱是需要费心维护的，但事实并非如此。大多数的树篱每年只需进行一两次修剪即可，不过要定期修剪。也有一些树篱，比如利兰柏树，生长速度较快，容易失控，会增加维护的负担（见第 113 页）。

沿着边界种植的树篱是需要着重注意的，因为修剪时，你需要进入到邻居的那一侧。较高的屏障，如编织树篱（见第 118 页），则需要借助梯子才能完成修剪工作。

宿根植物

种植在不同地区的宿根植物，维护也会有所差异。与温暖地区不同，在寒温带地区，植物的茎通常不会木质化[1]，由此也不能变得坚硬牢固，无法支撑自身的重量，因此，随着生长季节的推移，可能需要给一些较高的物种立桩以防止其倒伏。

可以在初夏时对一部分宿根植物进行修剪，使植株恢复到接近地表的高度，这有利于植物在生长季节二次开花。对于其他宿根植物，应该每 2～3 年进行一次分株，以保持其生长活力。

要警惕那些容易自我繁殖的宿根植物，因为它们很可能会散布开来，占领整座花园。对此，最简单的减少维护工作的方法，就是选择那些“遵守规矩”的物种，避免种植过度生长和可以自我播种的物种。一定要经常注意那些繁殖能力强和具有侵袭性的物种，以防止它们入侵和危害邻近的植物。

如今，人们普遍会保留大多数的宿根植物过冬，这为鸟类提供了食物。当冬天快要结束的时候，可以将这些宿根植物修剪到临近地面的高度，促使它们重新开始下一轮的生长。如果小花园中的堆肥箱已经满了（见第 208 页），可能难以处理这些植物垃圾，不过你所在地的有关机构应该有园林废弃物回收站。

禾本科植物

有些禾本科植物也会自行播种，如同宿根植物一样，对这类物种也需要仔细选择。相关的维护工作可以参考宿根植物。

1　木质化：细胞壁由于细胞产生的木质素的沉积而变得坚硬牢固，增加了植物支持重力的能力，树干内部的木质细胞即是木质化的结果。——译注

◀ 草坪以及栽植在容器内的植物通常是最需要维护的，你要考虑清楚自己是否有足够的时间花费在园艺上。

一年生草本植物

一年生草本植物一旦开始生根发芽，就无须投入太多精力，它们会自行生长直到枯萎凋零。当它们的生长周期结束之时，你可以重新栽培冬季作物来代替它们，或者就这样使种植床空着，以备来年春天再行补种。避免裸露的土壤被杂草侵袭，这是保证花草每年都能顺利生长的必要条件。

对于小花园的主人来说，裸露的土壤就像是敌人，因为这意味着公开邀请杂草入侵。杂草的种子会隐藏于现有的土壤中，一旦光照、温度和湿度等条件适宜，它们就会开始生长蔓延。除此之外，肥料和堆肥也是杂草种子入侵的重要途径，特别是自制肥料。

除了播种种子，还可以在种植季节早期购买一年生草本植物的幼苗，将它们移栽到花园里。这些移栽的幼苗会继续生长，不过这种方式也需要相当大的工作量。

地表覆盖物的重要性

碎石是一种非常实用的覆盖物，它既可以应用于种植床和边界，也可以覆盖在小路和其他表面上，总而言之，碎石能够减少维护工作，并有助于保持水分。将碎石铺设在土工织物膜上可以抑制杂草生长，但在铺设之前需要先把所有现存的杂草清除干净。

尽管如此，一些杂草的种子仍然会借助风潜藏进碎石之中，所以还是需要定期清理。其他的覆盖物，如用过的蘑菇培养基或者树皮，也可以起到同样的作用。

种植密度

加大种植密度是减少杂草生长的另一种途径，因为这样一来裸露的土壤就少了，而相互竞争的植物则更多了。在种植前做好土壤的准备和清理工作，没有杂草的土壤环境是减少顽固性杂草的关键。

不过从另一方面来说，选择的植物品种越复杂，其维护难度也会越大。因此，乡村花园（见第 167 页）或英式花园（见第 170 页）会比极简主义花园（见第 176 页）或可持续性种植（见第 177 页）需要更多的维护工作。选择具有相同或相似生长条件的植物，能够最大限度地减少维护的工作量。

草坪

虽然草坪有各种各样的形状和用途，但并不适用于小型花园，特别是位于人口稠密的城市中心的小花园。许多小空间是处于阴影中的，即使有些混合的草坪品种具备耐阴的特性，但是由于缺乏阳光，草皮还是会不可避免地生长迟缓，还会出现参差不齐的斑块。

更令人担心的是草坪的使用频率，因为严重的磨损会使草坪枯萎、土壤板结，难以重新种植。

相比于其他种植类型，小型草坪可能会花费更多的时间，并且割草机也会占据本就不多的存储空间。事实上，功能多样的铺装表面搭配丰富且动感的植物才是对小花园来说更实用的组合。

如果你仍然想在小花园里铺设一个草坪，那么你需要在草坪周围修建一圈用来除草和修剪的铺装边缘。铺装的高度要略低于草坪表面，这样可以顺便也修剪好草坪边缘，避免投入更多的时间和设备。

生产性花园

考虑到繁重的维护工作，生产性花园似乎更适合细心、认真的园丁，尤其是打算在花园内种满可食用作物的人（见第 204～207 页）。

香料植物可能是最容易生长的作物，因为许多香料植物品种都能适应炎热干燥的生长条件。不过，如果你打算种植几种作物的话，那么浇水、施肥、堆肥、除虫、设立支撑物、除草、修剪和收割等一系列工作都将耗费你的精力。

小花园大部分的面积可能都处在阴影中，而且花园的面积有限，这使得种植的作物很难成活。可以租赁一块阳光充足、各方面条件更为适宜的田地，专门用来种植各类水果、蔬菜和香料植物。

菜园兼具生产性和装饰性，可以合理规划作物，最大限度地展示作物的纹理，同时也可以将作物与更多的装饰性植物组合搭配。

案例学习

提供私密感的种植

这个狭长的花园中创造出了一系列的独立空间，植物被用作不同空间之间的边界，而铺装或草坪则展现了不同的表面处理方式。

粗壮的园景植物，如欧洲黑松（*Pinus montezumae*），提升了花园的高度和尺度感。它那松散透光的松针只投下了少量的阴影，并且树形婆娑，翠亭如盖，非常迷人。

相同的特点也体现在另一边美人蕉那艳丽的颜色和纹理分明的叶脉上，芭蕉和通脱木富有光泽的叶片也同样延续了这一特点，其他较小的装饰性植物则填补了中间的空隙，丰富了视觉效果，增加了物种多样性。培养器皿成了该区域的亮点。

边界

密集的边界种植成功掩盖了花园的实际大小和范围，边界植物与隔壁花园的成年植被巧妙地联系起来，看起来仿佛扩大了可用空间。

分隔的区域

为了把花园分成一系列的小空间，这里引入了区域性种植。这种方式下的种植密度往往很高，植株高大且造型夸张，其具有异国风情的缤纷色彩很适合夏天观赏，营造出令人陶醉的神奇效果。

把设计理念带回家

- 自信、大胆地运用植物来创建种植结构，打造小花园的氛围。
- 种植在花园中心的欧洲黑松成了这片区域的焦点。
- 边界种植有效地模糊了界限，并提供了庇护和私密感。
- 粗壮且富有纹理的植物，例如美人蕉和芭蕉属，与体态娇小、色彩丰富的植物相辅相成。
- 向邻居借景，使植物之间产生关联，利用植物掩饰实际边界，从而使花园看起来更加宽阔。

▶ 这里巧妙地利用了隔壁花园的树冠，在视觉上扩展了空间和高度，从而模糊了这片区域的实际面积。

色彩斑斓的纹理背景，勾勒出一片景色怡人的户外用餐区……

策划的风格

优雅的欧洲黑松那蜘蛛状的枝条（1）主导了这片幽静的郊区小花园露台。

当季开放的美人蕉（2）、天竺葵（*Pelargonium*）和棕榈为主体种植结构增色不少。

彩叶草（*Coleus*‘Trusty Rusty’）、聚星草“银矛”（*Astelia chathamica*‘Silver Spear’）和八角金盘丰富了背景的色彩，它们的叶片也极具观赏价值（3）。

铺装和家具（4）选择了低调的颜色，将树叶衬托成全场的主角。

◀ 三三两两种植在红陶花盆中的多肉植物，成了水池边缘引人注目的焦点。

SMALL GARDEN UPKEEP 维护

花园是随着时间的推移而变化的生态系统，维护花园会同工作、休闲、社交等其他活动，共同争夺你的时间，所以你需要平衡好其中的关系，确定花园在你心中的等级排序，分配好你能为小花园付出的精力和时间。

不需要维护的花园是不存在的，但为了同繁忙的生活达成平衡，你可以尽量降低花园的维护需求。

可以肯定的是，你对花园和植物的付出会有所回报的，植物四季轮回的生长周期能够分散人的注意力，让人在放松心情的同时，身心也得到了治愈。它所带给人的幸福感，是其他任何体验都不能相提并论的。

15 种简化园艺工作的方法

1. 避免割草

由于草坪比其他植物更需要定期维护，所以用低维护需求的铺装作为草坪的替代品是一种不错的选择。尤其在遮阴的条件下，草坪的问题会更加严重，这是因为遮阴处的草皮非常容易受到苔藓和杂草的侵袭，生长得较差，很难维护。

2. 铺地植物

可以在开阔的土壤上密集种植低矮的铺地植物或者宿根植物，从而形成一层植物地毯，有效地阻止杂草生长。

3. 使用护根覆盖物

在种植区域的表面覆盖一层厚厚的护根覆盖物，这样既能保持土壤中的水分，阻止水分流失，同时也减少了杂草的侵袭。需要注意的是，在覆盖之前，种植区的土壤应该是湿润的、温暖的，并且需要预先清除杂草。

4. 使用土工织物膜

土工织物膜是一种织物，可以铺设在碎石或木屑覆盖层下面，尽管它们容易被撕裂，但还是能阻止杂草从下面的土壤中生长出来。此外，因为土工织物这种材料具有可渗透性，所以水分可以顺利透过它从而滋润土壤。

5. 预防杂草侵袭

杂草种子经常会随着风吹落到花园里，因此清除杂草是一项永无止境的维护任务。花台和装满新土的栽培容器一开始都是没有杂草的，但你仍然需要定期检查，防止顽固性杂草和随风飘来的杂草在此落地生根。

6. 定期锄草

对园丁来说，“少量而频繁”是一句至理名言。定期对种植区域进行锄草或松土，可以在杂草开花和播种之前干预或除去杂草，这是一种更容易控制杂草生长的方法，所以请不要让你的花园长期无人照料。

7. 早期干预

从深秋到早春，是一年中的植物生长淡季。在植物生长缓慢或休眠时开始松土和除草，是十分有效的方法，这将大大减少你在植物生长旺季的工作量。

8. 小心堆肥

虽然利用植物和其他有机材料堆肥是个十分不错的方法，但是要确保你没有把多年生杂草也添加到你的堆肥箱中。那些杂草通常会一直存在于这些混合物中，一旦你把肥料施加到土壤里，它们就会开始疯狂繁殖，从而给你造成更多的工作量。

9. 选择可持续性种植物

仔细挑选植物以减少花园的维护工作。通常情况下，繁殖能力强、能够自行播种的物种，或者生命力旺盛、具有侵袭性的物种，会威胁到那些良性物种的生长，因此需要多多注意，对它们加以控制。

10. 购买经久耐用的材料

尽可能选择坚固的材料，这样使用的时间也更长久一些。低成本材料往往需要经常性地维护和更换，长此以往，用在这方面的花销将比一开始就购买高品质材料的费用更高。

11. 减少植物的复杂性

喜爱园艺的人常常热衷于收集各种不同的植物，认为培育每个新物种都是一项令人着迷的挑战。但是切记一定要约束自己，尽量简化植物的种类，特别是当你的植物有着相同或相似的维护需求时，这样可以大大减轻你的工作量。

12. 种植宿根植物

草本宿根植物和大多数禾本科植物的尺寸相对固定，它们的生长模式是可预测并且可以控制的，而灌木和乔木往往会比预想中生长得更大，因此同灌木和乔木相比，宿根植物和禾本科植物更容易管理。

13. 保持水体清凉

选择带有地下蓄水池的喷泉水景能降低水体过热的概率。水体过热会引发藻类水华[1]，导致水景堵塞和停滞。此外，如果要在池塘或水池中添加植物，最好选择繁殖力较低的物种，以防止其大规模扩散。

14. 检查植物种子

应该选择适合你花园的植物，而不是试图改变花园的生长条件，或种植外来物种。在选择植物时，应充分考虑到土壤 pH 值、排水条件、遮阴面积、气流等因素。

15. 使用无油漆的表面材质

虽然砖和石头可能会需要清洗，但油漆表面需要更多的维护，而且过一段时间就要重新上漆，一旦植物长大成年，就会增加这一工作的难度。一般来说，相比于人工材料，天然材料维护起来更省心省力。

1 水华：Algal Blooms，是指淡水水体中藻类大量繁殖的一种自然生态现象，是水体富营养化的一种特征。——译注

为你的小花园规划季节性任务

维护工作是照料花园以及享受花园的一部分。如果花园缺少定期维护，植物就会疯长或者变得枯萎，杂草丛生。定期维护将降低你的工作难度，并减少不必要的麻烦损失，也更有利于你掌控自己的花园。你应该把维护工作当成日常生活的一部分，纳入到日常计划中去。

▲ 花园在不断变化，植物需要定期照顾，比如清除掉枯萎的、繁殖过度的植株或者多余的杂草。

日常维护

一般来说，维护工作要么是按照月度或者季度来定期维护；要么是列出一份具体的任务清单，以单独的植物、植物组合或者某个特定景致（比如池塘）为对象进行维护工作。

依照季节进行维护的方式会帮助你了解花园的生长模式和生长周期，而且等你开始花园的维护工作后，还可以再添加更多有关特殊植物或特殊工作的具体计划。

复苏

有一点需要说明，当温度低于6°C (42 °F) 的时候，植物会处于休眠状态，因此从深秋到早春这段时间，你完全有机会可以种植新的植物，或者将现有的植物移栽到别处。

随着晚春气温开始上升，直到夏季高温来袭，热量会一直持续到夏末秋初，在这期间，你应该尽量避免进行种植或移栽，因为叶片水分流失 (蒸腾作用) 的速度会超过根系吸收水分的速度。

大多数植物都是以盆栽的形式出售的，因此新购入的植物都会带有相应的储水装置，用来保护根系，从而延长它的种植期。

播种

如果你打算播种植物种子，那么你需要提前计算好种子萌芽和早期生长所需的时间，然后从你希望植物成熟的日期开始往前推算，同时你还要提前准备好整个发育周期内它们所需要的设施。植物在早期生长阶段一般都需要温暖和充足的光照，有些植物尤其畏寒，应该将其养在温室之中，直至入夏以后再搬出来。

种植球根花卉

选择球根花卉的种植时间很重要，水仙花虽然在春天开花，但其球根必须在秋天种植，这样才能适应它们的生长周期。不过也有一些球根花卉，如雪钟花，如果在花季后期开始种植，那么当它们开花时，叶子也同时抽芽，这样往往会产生更好的观赏效果。

参考多方建议

除了从相关书籍和互联网上寻找信息外，你还可以向园丁寻求建议，尤其如果你和园丁有着相似的种植条件，那么园丁的建议就更具有针对性和可行性了。你也可以通过观察来获取这方面的知识，用笔记本或以日记的形式来记录花园一年之中的变化情况。

秋天的工作

秋天通常被认为是植物成长周期的结束期，所以这是一个维护花园的好时机。

- 深入挖掘花园土壤，并加入腐熟的肥料或堆肥，作为以后新的种植床和边界的储备土壤。挖掘的最佳时间取决于你的土壤类型，只要土壤的温度是温暖的就可以。另外，秋季的降雨也会将地面软化。
- 开始种植新的植物，以便它们在冬季冷空气到来之前生根。
- 通过挖掘、分株的方式重新种植宿根植物，能够使生长状况不佳的宿根植物群重新焕发生机。
- 必要时对小灌木或乔木进行移植。在移植过程中，需要格外注意较大的园景植物，因为它们的根系更加庞大，也更容易被损坏。
- 播种在春季开花的球根植物。除此之外，大部分的植物也都适合在这个时候种植。
- 定期收集枯叶，并制成叶霉菌，将叶子切碎可以加快其腐化进程。去除草坪表面的落叶垃圾有利于草皮生长。
- 只要气温还维持在 6°C（42 °F）以上，你就应该继续对草坪进行修剪，不过要降低修剪的频率，并提升割草机刀片的高度。
- 可以修剪乔木和灌木的树冠，让更多的光线进入花园。树篱也一样。

◀ 诸如种植球根植物等工作需要在特定的时间内进行，你应该将其标注在日历上。

▲ 秋天是对花园进行清理和规划的好时机，你可以将落叶垃圾制成叶霉菌，使之成为土壤的改良剂。

冬天的工作

冬季是植物生长的平缓期，也是为植物的快速生长期做准备的最佳时机，在这期间可以清除坏死的枝干、修复受损的植株。

- 可以在冬季天气好、土壤适宜的时候种植裸根植物，玫瑰就是这类植物的代表，而且它们通常比盆栽植物更便宜。
- 保护幼嫩植物免受霜冻和冰雪的影响，可以将其养在玻璃温室内，或者为它们盖上一层防寒的园艺毛毡。要着重保护面向东面的墙壁上的植物，或者说那些每天第一时间接受光照的植物，因为快速的冷冻和解冻过程会对植物造成伤害。
- 结冰以后要注意检查水池和水景，水结冰后会膨胀导致管道胀裂。要及时清扫降雪，因为积雪的重量会对植物的结构造成破坏，尤其是对于垂直或锥形的园景树来说，厚重的积雪会压断它们紧密的结构。
- 修剪植物通常是为了限制木本植物和攀缘植物的大小，或者为了改善它们的健康状况。那些在冬季开花的植物，可以在花开之后进行修剪。茎干具有冬季观赏价值的植物，如山茱萸，也要进行修剪。
- 如果在冬天就开始清除杂草，那么就可以为以后节省出时间和精力。让土壤休耕，霜冻可以打破它的结构，软化难以挖掘的黏土。
- 在冬季后期，当宿根植物和禾本科植物的装饰花头和整体结构开始衰败时，就可以把它们修剪到接近地面的高度。但要先确认你所选择的物种，因为不同的物种可能有不同的耕作需求。
- 检查排水沟、下水管和水槽，以防排水系统被落叶堵塞，同时检查它们在冬季是否有任何的损坏。

▼ 修剪之前要留意木本植物开花的方式和时间，有些会在去年的枝干上开花，有些则会在今年的枝干上开花。

春天的工作

随着春天的到来，气温开始升高，这是你种植或移栽植物的最后机会，因为在春季和夏季过多地翻耕土壤，会导致其中的水分迅速蒸发流失。

- 早春时节，要对落叶攀缘植物和在春季后期开花的灌木进行修剪。
- 随着气温升高，蛞蝓和蜗牛也会开始出来活动，需要对其采取防控措施，防止它们破坏茂盛又脆弱的新生植物。
- 开始种植秋季开花的球根植物。
- 播种一年生植物和宿根植物，它们会在夏季生长成熟。在霜冻天气结束之前，要注意保护易受霜冻影响的幼嫩植物。
- 一旦草坪开始复苏，就要继续对其进行修剪，但在最初几次割草时，要把割草机的刀片设置得高一些。保证草坪的透气性，使空气和水分能更好地抵达根部。随着气温的升高，要开始修补草坪。
- 当土壤变得温暖、湿润后就要开始清除杂草，并用覆盖物将其遮盖起来。
- 维护池塘和池塘中的植物。减少耗氧植物，分株和重新种植繁殖过度的物种，同时植入新的植物。检查防渗膜是否有损坏的迹象，特别是在结冰以后。
- 检查整个花园是否受到霜冻破坏，当冰层融化、冷空气离开后，植物和铺装会向上错位。
- 清理铺装——冬天过后，脚下的铺装可能会很滑，同时也要清洗和修理花园家具。
- 好好规划菜园，这样在秋天的时候你就可以有个好收成。

◀ 过度使用草坪会压实土壤，为缓解这一问题，要在春天给土壤透气，并重新种植裸露的地方。

菜园的土壤需要额外施肥才能维持健康和生产力，所以尽可能试着自制堆肥，以便在冬季翻耕土壤。

夏天的工作

夏天是在花园里放松的好时机，植物们正处于生长旺季，你可以尽情地观赏花卉、树叶和果实。

- 如果你在春季有规律地进行了除草，那么夏季的杂草就可以直接用手清除掉。
- 除了娇嫩的一年生植物外，尽量不要种植新的植物，这样也就减轻了这个温暖干燥季节里的浇水任务。
- 一般来说，在夏季，草坪修剪得越频繁越好。但如果天气太过干燥的话，可以延长修剪草坪的间隔，从而保留住水分。在干旱期间，依赖定期浇水或灌溉的草坪往往容易塌陷，因为它们的根离地表更近。
- 定期修剪枯萎的花朵能够促进新花生长，这一方法尤其适用于玫瑰和大多数的宿根植物。一些宿根植物在被修剪掉花朵后还会二次开花。
- 在植物生长前期到仲夏这段时间内修剪树篱，但在此之前要先检查鸟类是否已经在那里筑巢。部分树篱每年可能只需要修剪一次，但另一些则需要频繁地修剪，特别是那些需要保持平整的外观的树篱。
- 修剪已经开花了的攀缘植物和灌木，同时通过捆绑等方式引导新生攀缘植物的生长。
- 摘取花园中的软皮水果、蔬菜和香料。
- 在夏末或秋初修剪整枝过的果树，特别是那些经过捆绑或特殊整形的园景植物。
- 给温室遮阳和通风，防止其随着光照和气温的增加而温度过高。
- 请在日落后再给花园浇水以减少蒸发。尽量使用储存的雨水，减少对主要供水管的依赖。

生产性花园

近年来，人们对种植水果和蔬菜的兴趣与日俱增，但在一个小花园里，同时种植观赏性和食用性植物是一个很大的挑战，因此你可能会认为，把整个花园都用来种植可食用性植物是非常值得的。

基本需求

在种植阶段初期，玻璃温室和植物保温箱非常有用，在里面，种子可以萌发，幼年植物也开始生长，等到天气适宜时就可以将它们移植到花园中去了。

在狭小空间中种植作物

香料植物非常适合种植在极小的空间里，在夏天，你可以定期修剪它们的叶子，这样它们又会长出新叶。香料植物需要生长在阳光充足和温暖的环境中，你可以将它们种植在花盆里或窗台上。一些原产于地中海地区的物种，它们习惯干旱的条件，因此不需要经常浇水。

小型香料植物，如韭菜和百里香，既可以生长在花盆里，也可以生长在岩石园中。

也可以考虑种植能够不断采摘和生长的沙拉作物，菠菜、生菜、白菜和甜菜都可以频繁地收割，而且它们的茎和叶也极具装饰性。如果在春季播种这些蔬菜，到了夏天便可以食用；如果在仲夏播种，那么就要等到夏末或早秋的时候才可以收获。

大蒜是烹饪中最常用的基本原料之一，最好是在仲秋到初冬这段时间内种植，这样到了仲夏它们的叶子枯萎的时候就可以收割了。

在大型种植床中种植作物

如果空间允许的话，可以引入面积更大的种植床。软皮无核水果，比如覆盆子，可以在部分遮阴或者有阴影的地方生长，而草莓可以在种植床和容器中种植。

具有一定高度且颜色丰富，同时又可以食用的攀缘植物，如刀豆，可以尝试将其种植在格架或其他支撑物上；无花果喜欢生长在朝南的墙边，那里可以为其提供温暖以及保护；也可以在花园中种植一些更高的香料植物，比如茴香。

自己种植的马铃薯和西红柿十分美味，不过你也可以考虑种植那些不寻常或难以买到的品种。每到收获时节，商店中就会开始大批量供应马铃薯和西红柿，而且价格低廉。马铃薯需要在春季或夏季种

自己动手设计

灌溉技巧

- 自动浇灌系统能够定期、定量地进行灌溉，节约水资源，不过安装时要注意规划布局，降低管道系统对花园造成的影响。把管道固定在一个小容器里是个很巧妙的做法。
- 可以将大容器作为单独的蓄水池。
- 刚开始种植时要多浇水，因为新生植物的根系在完全发育之前特别容易受到高温和干旱的影响。
- 不要过度浇水，因为那样会使植物根系过于依赖人工灌溉，只生长在浅层土壤中。
- 在温度较低的傍晚时分进行浇水可以减少水的蒸发。

▲ 常规的作物种植模式兼具了美感和实用性。要确保农作物种植区域的可达性，这样才能良好地灌溉、维护和收割。

植，冬季收获，而西红柿则应在春季播种，在夏天或者初秋收获。

欧洲防风草（*parsnips*）从萌发到成熟的过程很漫长，在小花园里，可以将它们与更快成熟的沙拉作物套作种植。

作物轮作[1]

为了保持土壤健康，减少病虫害的威胁，你必须每年进行一番轮作。在冬季做准备时就要先规划好种植位置，可以把你的植物分成四大类——块根类作物（胡萝卜、欧洲防风草）、芸薹属（白菜、抱子甘蓝、萝卜）、豆类（豌豆、豆子）以及其他蔬菜（土豆、韭葱、小葱、大蒜、西红柿、沙拉叶）。每类植物分区种植，每四年一轮作。

玻璃温室里的作物

如果你有一个玻璃温室，那么可以试着种植更幼嫩的蔬菜，如黄瓜和辣椒。当你慢慢积累了经验以

不同季节种植的作物

春季：小葱、卷心菜、欧洲防风草、萝卜。

夏季：香料植物、豌豆、豆子、胡萝卜、大蒜、土豆、西红柿、沙拉叶、草莓、覆盆子。

秋季：甜椒和辣椒（玻璃温室内）、苹果、梨、土豆。

冬季：韭葱、卷心菜、抱子甘蓝、欧洲防风草。

1　轮作：一种种植方式，是指在同一块田地上，有顺序地在季节间或年度间轮换种植不同的作物，或是将植物以复种组合的方式进行种植。轮作是用地养地相结合的一种生物学措施。——译注

▲ 菜园里也可以种植装饰性植物，如盆栽金盏花（*Calendula*，如图）。有些蔬菜本身也具有观赏性。

后，就可以开始尝试更多不寻常的作物。即使在冬天，也可以在温室里种植如紫苏这样的香料植物或者沙拉植物。

果树和灌木

像黑莓这样的季节性水果可以紧贴着墙壁垂直种植，以便最大限度地利用小花园的空间。如果你想要进一步挑战自己，可以在有阳光照射的墙壁旁边种植桃树或杏树。

果树的大小和形式多种多样。在空间很紧凑的小花园里，最适合种植矮化[1]的品种，它们也更容易被采摘收获。矮化的苹果树可以沿着边界或者小路种植，它们低矮的枝丫在被修剪后会沿水平方向生长。由苹果和梨编织的树墙[2]可以靠花园的墙壁或棚架种植，既节省了空间，又具有很好的观赏效果。

难以区分的边界

软皮水果，如覆盆子、黑醋栗、红加仑、黑加仑以及大黄（*rhubarb*），都比较耐阴，如果种植在具有装饰性的边界，效果看起来会更好，不过你可能需要给它们覆盖上一层网，以保护水果不被鸟类偷食，不过这样会影响观赏效果。另外，你可以用种植盆盖住大黄幼苗，这样能够促进其生长。

将甜菜叶种植在装饰性边界上能产生意想不到的效果，刀豆也一样，它会增加景观的高度，并使花园里的颜色更加丰富。香料植物[3]也可以以这种方式种植，而并非一定种植在特定的区域内。

反过来说，装饰性植物也可以在菜园里种植，这不仅是为了装饰，也是吸引有益昆虫的一种方式。莳萝（*dill*）那柔嫩的叶子不仅可以装饰边界，同时也会吸引以蚜虫为食的食蚜蝇。茴香也能起到相同的作用。兼具装饰性和食用性的旱金莲属（*nasturtium*）颜色艳丽，能够吸引毛毛虫，防止其蚕食可食用作物。

播种

春天是播种的季节，而夏秋是收获的季节。播种种子是一种非常经济的方式，蔬菜的幼苗需要在室内或玻璃温室里种植，比较耐寒的蔬菜可以直接种在露天的地里。

有些植物需要在其底部加热来促进发芽，如果你没有温室，可以把小型种植器皿放在阳光充足的窗台上。另外，带有通气孔的透明盖子可以控制种植器皿内的温度和湿度。香料植物以及芹菜、豌豆等蔬菜作物都适用于这种方式，甚至在

1　矮化：一般是指生物中所产生的矮小型。植物的矮化主要是由于茎节间的生长被抑制而引起的。——译注

2　英文名为 espalier，指在果树和爬藤植物幼年时，将它们的枝条平铺在支架、栅栏或墙壁上，使其成片匍匐生长，亦指这种树木所依附的墙或棚架。这种园艺源自欧洲，一开始是为了改善气候，后多用来美化环境，增加产量。——译注

3　香料植物是指因其香气而用在食物、调味品、药品及香料中的植物。——译注

▶ 诸如草莓之类的作物可以种在培育器皿中，这样能够避免蛞蝓的侵扰，同时还能装饰阳台。

这些蔬菜完全成熟前，你就可以用它们的嫩叶制作美味的沙拉。

不过这类植物总喜欢密集地生长在一起，所以你需要定期、仔细地为植物分株。保留一丛植株里生长得最旺盛的那一株，拔除或吃掉较弱小的幼苗，也可以将这些幼苗移植到其他地方重新种植。

市场上也有许多一年生植物和蔬菜的幼苗或扦插枝条，你可以选择栽种这些幼苗，这样既免去了使用培养皿，同时又能享受到亲手种植的乐趣。尽管幼苗的种类相对较少，但它们最终结出的果实和种子结出的果实相比起来并不逊色，两者同样美味。早期的幼苗需要种植在能提供保护的地方。

移植

幼苗长到一定程度后就可以移植到花园里了，让它们逐渐适应外面的环境。一开始可以只是白天把它们放在外面，晚上再搬回室内。如此持续一周左右，只要没有霜冻的危险，就可以把幼苗一直留在外面了，之后在花园里找一个合适的地方将它们移植过去，继续生长。

每当果实被收割之后，就意味着松土和施肥的时候到了，因为植物将开启下一年的生长周期了。

自己动手设计

盆栽柑橘类植物

- 柑橘类的水果需要种植在便携式器皿中，因为在冬季要把它们搬到温暖的地方，免受低温的侵袭。
- 红陶类器皿与柑橘水果的地中海风格很配，这类植物需要充足的水分，所以要尽量选择大的、有足够蓄水空间的器皿，同时还要保证排水良好。
- 矮化的柑橘树果实产量高，非常适合种植在狭小的空间内。因为它们是嫁接而成的，所以可以从砧木上随意切掉在低处萌发的新芽。
- 把植物放置在温暖、阳光充足的地方。
- 除了酸橙以外，其他果实的外皮一旦褪去绿色都要及时从枝头摘掉。

好的管理

任何花园都需要一定的管理工作，以保持其整洁、美观。同时也需要防控害虫，因为它们会啃食树叶，残害整株植物。

在一个小花园中，由于没有多余的地方存储废物，哪怕只是少量的花园废物，处理和清除起来都相当麻烦，你可能需要穿过房屋把废物运送到街道上的垃圾收集处。

堆肥和堆肥箱

处理花园废物的最好方法，是把它们堆在堆肥箱里制成肥料，但如果花园的空间真的很紧张的话，这一点可能也不太容易办到。

自制堆肥是非常好的土壤改良剂，是由绿色废物回收制成的。当自制堆肥完全腐烂后，你可以直接把它覆盖在种植床和边界的土壤上，或者将其大量埋入土壤中，以防土壤的营养被植物耗尽。

为了适应不同的需求，堆肥箱的材料、大小和样式也各不相同。如果你打算自制一个堆肥箱，一定要确保其主体结构坚固、两侧通风，这样有助于发酵。为了方便排水，应该把堆肥箱放置在裸露的地面上，而不能放在硬质铺装上。

如果你有足够的空间，并且有现成的落叶的话，也可以自己制作腐叶土。这是一种很好的土壤改良剂，简单地说，就是把叶子塞进堆肥箱的袋子中，在侧面扎孔，好让气体得以流通。做好之后将其放置1~2个季度，直到叶片腐烂成土壤状物质。如果你没有多余的空间，那么也可以把落叶混在普通的堆肥桶里。

如果花园的面积非常小的话，你可以用饲虫箱将普通的厨房垃圾做成植物营养液[1]，不过饲虫箱的容积有限，无法处理太多的花园废物。

堆肥的材料

你需要平衡混合物中碳与氮的含量，含碳的废物包括修剪下来的树篱枝条和碎纸，而含氮的废物则包括割下的草以及枯萎的花、叶等。

避免在堆肥中混入杂草和病变植物，因为当你把这样的肥料添加到花园的土壤中时，它们会通过肥料蔓延开来，继续制造问题。

剥下的果皮、剩余的沙拉和茶

1 植物营养液一般为多元复合营养，呈水状，浓度不及固体肥料高，并且杂质少，易于植物吸收。——译注

自己动手设计

堆肥的流程

- 堆肥是一种很好的土壤添加剂，因为它能给土壤补充营养，并改善土壤的结构和质地。
- 堆肥箱要有盖子，以帮助隔热；箱子的体积应该超过1立方米（35立方英尺），这样才能产生足够的热量，促进物质的腐烂和分解。
- 无论是木质的还是塑料制品，堆肥箱都应尽可能地坚固，并且要保证周围空气可以循环流通。每年至少搅动一次里面的东西，以加快腐化的过程。
- 堆肥材料完全降解后就要将其铺洒在种植床和边界上。冬天，花园的表面光秃秃的，正是最适合施肥的季节。

▶ 回收堆肥箱往往隐藏在简易的木制花架或有植物覆盖的屏障后面，从而降低它们对花园外观的影响。

包等厨房垃圾也可以用于堆肥。切记不要添加煮熟的食物，因为它们会引来害虫。

堆肥的替代品

如果你不想自己制作堆肥，还有许多其他的土壤改良剂可供使用，其中最常见的就是粪肥。但粪肥必须经过彻底的发酵，还要保证其中没有掺杂杂草种子。大多数的园艺中心都出售预先包装好的粪肥。

另一种常见的材料，是用市政府收集的花园垃圾制成的土壤改良剂。这是一个工业化流程，最终的成品将回售给园艺爱好者。这种改良剂的肥力往往中等偏下，但与自制堆肥不同的是，其中的杂草种子含量要少得多，因为工业生产过程中产生的高热量会破坏种子的结构。

有机覆盖物，如木屑或可可壳，严格来说并不属于土壤改良剂，但它们在土壤表层逐渐腐烂时也可以起到类似的作用。

常见害虫

害虫可能是花园里的主要破坏者，想要彻底消灭它们是不可能的，但可以抑制它们的数量。

蛞蝓和蜗牛

某些植物的幼苗和嫩芽特别脆弱。你需要在温暖、潮湿的夜晚，在这些害虫最活跃的时候，带上手电仔细查看哪些植物上有这些害虫，并集中精力杀死它们。不同的防控方法产生的效果也不同，尽量少用鼻涕虫喷剂，只在容易遭受虫害的植物上使用即可。

蚜虫

蚜虫也被称为黑蝇或绿蝇，这些树液吸虫会扭曲、破坏植物。在小花园里，你可以轻而易举地徒手清除这类害虫。

葡萄黑耳喙象和毛毛虫

盆栽植物特别容易受到葡萄黑耳喙象（*vine weevils*）的危害，这类害虫以植物根部为食，因此那些埋伏在花园露天土壤上的捕食者无法威胁到它们。可以用化学和生物方法对其加以控制，一旦发现它的成虫就马上消灭。

毛毛虫以叶子和花苞为食。轻度的毛毛虫虫害可以手动清除，严重的话就要通过喷药来控制，以防止植株被完全破坏。可以给卷心菜这类幼嫩的植物套上网兜来加以保护。

▲ 瓢虫是对花园有益的来访者，因为它们以蚜虫为食，保护植物免受侵害。

▲ 蛞蝓是具有破坏性的害虫，会伤害植物的幼苗和嫩芽。若是在夜间巡视时发现它们，可以直接手动清除。

案例学习

低维护需求的花园

花园的维护工作量有很大的差别，花园的设计简约，相应地，所需的维护工作也很少。因此，应当根据已有的园艺条件来匹配植物，而不是试图通过人工来改造环境，以迎合不同种类的植物。

图中，由保罗·德雷科特（Paul Dracott）设计的小花园极具观赏性，使身处其中的人倍感愉悦，同时又省去了定期维护和管理的负担。

然而草坪还是需要定期维护的，撤掉草坪能够节省很多时间，我们也可以采取其他方法，比如铺设铺装或木平台，或者替换成纹理和色彩更加丰富的人造草坪。铺设在土壤上的覆盖物，诸如碎石和鹅卵石等可以用于保持水分，也能减少杂草的生长。

建设低维护花园的技巧

植物的雕塑效果主要体现在耐旱的地中海型植物上。选用坚固的材料或雕塑，或者种植少量的宿根植物和观赏草，可以为花园增添色彩和活力。这些植物几乎不需要维护，通常每年只需要修剪一次。

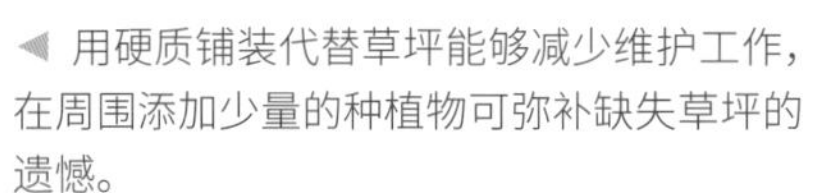

◀ 用硬质铺装代替草坪能够减少维护工作，在周围添加少量的种植物可弥补缺失草坪的遗憾。

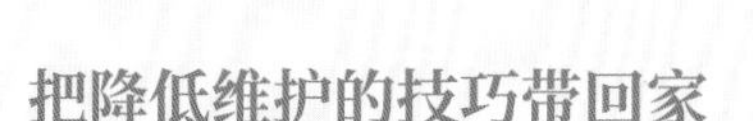

把降低维护的技巧带回家

- 在对花园进行任何设计时，都要考虑到后期维护的问题。
- 硬质铺装需要清洁，有时还要进行除草。
- 随着时间的流逝，木板会被风化成银白色，应该在其下面铺设一张防止杂草生长的垫子。
- 碎石可作为种植床上的覆盖物。将其铺设在土工织物垫上，能显著地减少除草工作，并有助于保持土壤中的水分。
- 有机玻璃或由玻璃制成的屏障需要定期清洗，以保持最佳的采光效果。
- 在冬季后期，通常需要剪掉禾本科植物和宿根植物留在地上的部分，以便在春季和夏季生长出新的植株。这样做可以显著改善花园的外观。
- 灌木需要进行修剪以保持健康和活力，同时也可以限制它们的大小，避免枝叶过度蔓延，除此之外，还可以重塑它们的外观。

只需简单维护的透明材质，丰富了花园内的纹理……

材质的盛大聚会

悬挂式椅子 (1) 可以随着微风轻轻摇晃，使人感到放松。

大块的长方形铺装 (2) 强调了花园的宽度，引入了水平的线性图案，而木平台 (3) 以更柔和的银色基调呼应了这个图案。

种植区 (4) 用碎石覆盖以减少杂草生长。欧洲早熟禾（*Poa labillardierei*）、针茅属和蓝羊茅等观赏草，与麦冬（*Liriope*）、“象耳”虎尾草（*Bergenia*）等植物，以及叶片夸张的龙舌兰互相映衬。银叶灌木，如沙棘（*Hippophae rhamnoides*）和黄线柳（*Salix exigua*）也为这片景致增添了别样的色彩。

◀ 半透明的有机玻璃屏风打破了空间上的束缚，降低了边界的影响，增加了花园的规模和景深。

索引

J

K

L

鸣谢

首先，我要感谢我的妻子 Barbara，特别是当我工作到深夜的时候，是她的耐心支撑我得以完成此书。我也深深地感谢委托编辑 Helen Griffin 给予我的大力支持。她对时间、方案和最后期限的把控使我一直走在正确的轨道上。我还要感谢 Joanna Chisholm，她在编辑过程中对文章的理解深得我意。
在此还要感谢以下几位慷慨的设计师和花园主人，感谢他们准许我们去探访并拍摄他们拥有或设计的花园，这些花园是他们内心的世外桃源：Peter 和 Jenny Barham，Ronald Ingram 花园的设计者 John Brookes，Andrew Fisher Tomlin，Simon and Belinda Leathes，Andy Male，Deborah Nagan，John Hood 花园的设计者 Charlotte Noar，Paul Mason 花园的设计者 Maria Örnberg，Michèle Osborne，Charles Rutherfoord，Anna Marrs 花园的设计者 Tom Stuart-Smith，Victoria Summerley，Maggie Guitar 花园的设计者 Robin Williams，以及我设计的 Patrick Wilson。
最后我还要感谢 Stephen Wooster，他以独特的视角对色彩和构图进行搭配，仿佛把这些花园带到了读者的眼前。我也要谢谢下列所有贡献照片的摄影师，是他们的作品赋予了这本书生命。

插图及照片版权

(t) 上图 (b) 下图，(l) 左图，(m) 中图，(r) 右图

Andrew Wilson 4（插图）；6（插图）；30 (t); 38（插图）；123 (t); 146; 162; 173 Chris Beardshaw at RHS Tatton Park Show; 187（插图）；188 (6).

GAP Photos 7; GAP Photos/Mark Winwood pg186.

Garden World Images
A. James 172; **Andrea Jones** 60 The LaurentPerrier Garden designer Tom Stuart-Smith RHS Chelsea 2008; 80 L'Occitane Garden designer James Towillis; **C. Linnett** 166 Garden Exposures 82; **J. Lilly** 67 (b) Wollerton Old Hall garden; **L. Every** 187 (3); **M. Bolton** 182 (4) Barnsley House Gardens; **N. Appleby** 66 The Chris Beardshaw Wormcast Garden 'Growing for Life' at Boveridge House;
N. C olborn 114 (b).

Gartenart 142.
MMGI (all RHS Chelsea 2011 except *)
Marianne Majerus 1 Laurie Chetwood and Patrick Collins; 9 (b) Adam Frost; 13 (r) Sarah Eberle; 14–15 Bunny Guinness; 20–21 Adam Frost; 25 (t) Sarah Eberle; 33 (t) Cleve West; 40 (t) and 171 (b) Christopher Bradley-Hole*; 41 Kate Gould; 42–43 Olivia Kirk; 44 Nigel Dunnett; 48 Nigel Dunnett; 54–55 Diarmuid Gavin; 61 (b) Laurie Chetwood and Patrick Collins; 63 Jamie Dunstan; 64 Jamie Dunstan; 65 Laurie Chetwood and Patrick Collins; 75 Nigel Dunnett; 92 Robert Myers; 97 Graham Bodle; 98–99 Bunny Guinness; 115 Kate Gould; 138–139 Adam Frost; 140 (b) Paul Hervey-Brookes; 147 (b) Luciano Giubbilei; 167 Cleve West; 168 (t) Laurie Chetwood and Patrick Collins; 169 Sarah Eberle; 177 (b) Ann-Marie Powell; 177 (t) RHS Garden, Wisley, design: James Hitchmough; 179 Adam Frost; 184–185 Laurie Chetwood and Patrick Collins; 206 Anthea Guthrie; 207 (t).
Bennet Smith 40 (t) Stephen Hall; 80–81 Robert Myers; 89 (b) Kirkside of Lochty; 102–103 Jihae Hwang; 125 Jamie Dunstan; 131 Martin Cook and Bonnie Davies; 149 Thomas Hoblyn; 156–157 Marcus Barnett; 170 Marcus Barnett; 176 Diarmuid Gavin; 196–197 Laurie Chetwood and Patrick Collins.
Simon Meaker 16–17 Marney Hall; 56–57 Gillespies; 62 Heather Appleton; 90 (t) Jihae Hwang; 120–121 Stephen Hall; 153 (b) Gillespies; 193 Anthea Guthrie.

Octopus
David Sarton 扉 页 The Laurent-Perrier Garden by Tom Stuart-Smith, RHS Chelsea 2008; I The Alternative Feng Shui Garden, RHS Hampton Court 2005; 13 (t) RHS Chelsea 2005, designer Andy Sturgeon; 13 (l) RHS Hampton Court 2007 Centrepoint Garden, designer Claire Whitehouse; 32 (r) The Children's Society Garden, RHS Chelsea 2008, designer Mark Gregory; 57 (b) Fleming's & Trailfnders Australian Garden, RHS Chelsea 2008; 58–59 The Daily Telegraph Garden, RHS Chelsea 2007, designers Gabriella Pape and Isabelle Van Groeningen; 69 The Chris Beardshaw Garden, RHS Chelsea 2007, designer Chris Beardshaw; 73 (t) SPANA's Courtyard Refuge, RHS Chelsea 2008, designer Chris O'Donoghue; 73 (b) Growing Together Garden, RHS Hampton 2007, designer Fiona Stephenson; 111 The Unwind Garden, RHS Hampton Court 2007, designer Mike Harvey; 126, Gabriel Ash, RHS Chelsea 2008; 128 North East England @ Home, RHS Chelsea 2008; 190 (l) Beyond the Pale, RHS Chelsea 2005, designed by Brinsbury College; 190–191 Lust for Life, RHS Chelsea 2007, designer Angus Thompson; 192 Pushing the Edge of the Square Garden, RHS Hampton Court 2005, design Suzan **Slater. Stephen Robson** 174 Hadspen Garden. **Torie Chugg** 7 (l, m, r); 175 (t) RHS Rosemoor Garden.

The Garden Collection
Andrew Lawson 86–87; 188 (5). **Derek St Romaine** 150 (b) Garden: Glen Chantry; 180–181 Mr & Mrs Jolley, Maycotts; 135 designer Cleve West, sculpture: Johnny Woodward. **FLPA-Gary Smith** 191 (r). **Jane Sebire** 134. **John Glover** 38 (b) Butterstream, County Meath. **Liz Eddison** 4 (b); 29 designer Louise Harrison-Holland, RHS Tatton Park 2008; 77 (b); 89 (t) Harpuk Design, RHS Chelsea 2007; 96 (b) designer Marcus Barnett, Philip Nixon, RHS Chelsea 2006; 113 designer Adam Frost, RHS Chelsea 2007; 122 (r); 124 (t); 182 (1); 188 (2) designer Patrick Garland, RHS Chelsea 2002; 2–3 designer Sue Beesley, RHS Tatton Park 2007. **Marie O'Hara** 70 (b) designer Kazuyuki Ishihara; 208. **Nicola Stocken Tomkins** 22–23; 40 (b); 43 (b); 76 (b); 106–107; 122 (l); 175 (b); 181 (b); 188 (3); 203; 205. **Torie Chugg** 28 (b).

Thinkstock
Cornstock 109 (3). **Design Pics** 188 (7). Digital Vision 199 (l). **Hemera** 9 (t), 10 (1); 59 (l); 71 (t); 84 (b); 88 (t); 86 (b); 88 (l); 88 (r); 94–95 (b); 107 (b); 109 (4); 130; 143; 147 (t); 182 (2); 198–199; 202 (r); 204; 209 (bl); 209 (br). **iStockphoto** 2; 4 (l); 5; 10 (2); 10 (3); 10 (4); 10 (5); 10 (6); 10 (7); 11 (1); 11 (2); 11 (3); 11(4); 11 (5); 15 (b); 36 (1); 36 (2); 36 (3); 36 (4); 36 (5); 45 (bl); 46 ; 49 (t); 50; 56 (b); 57 (t); 59 (r); 68; 70 (b); 70 (t); 82; 83 (b); 83 (t); 84 (t); 85 (b); 87 (r); 90 (bl); 91; 94–95 (t); 96 (t); 104 (b); 104 (l); 105 (r); 106 (b); 109 (1); 109 (2); 112 (b); 112 (t); 123 (b); 127; 129; 132; 140 (t); 141 (b); 141 (t); 138 (t); 150 (tl); 150 (tr); 151; 152; 153 (t); 158; 159 (b); 159 (tl); 159 (tr); 160–161 (b); 163; 164 (b); 164 (t); 165; 168 (b); 171 (t); 181 (t); 182 (3); 183; 186; 187 (2); 187 (4); 187 (5); 187 (6); 188 (1); 188 (4); 189 (8); 189 (10); 198 (l); 201 (r); 202 (l); 207 (b). **Photodisc** 108; 160–161 (t). **Photos.com** 138 (b). **Zoonar** 189 (9); 201 (b)

Steven Wooster 3; 14 (b); 18–19; 18 (b); 19 (b); 22 (b); 23 (l); 23 (r); 24 (b); 26–27; 28; 30 (b); 31; 32 (l); 33 (b); 34–35; 37; 39 (t); 39 (b); 42 (b); 45 (t); 45 (br); 47; 49 (b); 51; 52; 53; 61 (t); 67 (t); 76–77; 78–79; 90 (br);100 (t); 100 (b); 101; 104–105; 110; 114 (t); 116–117; 118–119; 124 (b); 133; 136–137; 144–145; 154–155; 194; 194–195; 199 (r); 200–201; 209 (t); 210–211.

图书在版编目（CIP）数据

英国皇家园艺学会小花园园艺指南 / (英) 安德鲁· 威尔森著；刘庭风，田卉译. — 广州：广东人民出版社，2020.8（2021.8重印）

书名原文：RHS Small Garden Handbook

ISBN 978-7-218-14414-6

Ⅰ. ①英… Ⅱ. ①安… ②刘… ③田… Ⅲ. ①观赏园艺—指南 Ⅳ. ①S68-62

中国版本图书馆CIP数据核字(2020)第147207号

广东省著作权合同登记图字：19-2020-114号

RHS Small Garden Handbook: Making the most of your outdoor space
By Andrew Wilson, Special Photography Steven Wooster
RHS Head of Editorial: Chris Young
RHS Publisher: Rae Spencer-Jones
RHS Consultant Editor: Simon Maughan
Design and layout copyright © Octopus Publishing Group Ltd 2013
Text copyright © The Royal Horticultural Society 2013
This edition arranged with OCTOPUS PUBLISHING GROUP LTD through Big Apple Agency, Inc., Labuan, Malaysia.
Simplified Chinese edition copyright: 2020 Beijing ZITO Books Co., Ltd.
Royalties from the sale of this book are received by RHS Enterprises Limited which pays over all of its profits to the RHS, as parent charity, and so inspires passion and excellence in horticulture.
All rights reserved.

YINGGUO HUANGJIA YUANYI XUEHUI XIAOHUAYUAN YUANYI ZHINAN
英国皇家园艺学会 小花园园艺指南
［英］安德鲁·威尔森著 刘庭风 田卉译
版权所有 翻印必究

出 版 人：肖风华

责任编辑：刘 宇
监 制：黄 利 万 夏
特约编辑：路思维
装帧设计：紫图图书ZITO®
责任技编：吴彦斌 周星奎
营销支持：曹莉丽
版权支持：王秀荣

出版发行：广东人民出版社
地 址：广东省广州市海珠区新港西路204号2号楼（邮政编码：510300）
电 话：（020）85716809（总编室）
传 真：（020）85716872
网 址：http: //www.gdpph.com
印 刷：艺堂印刷（天津）有限公司
开 本：889mm × 1194mm 1/16
印 张：15 字 数：356千
版 次：2020年8月第1版
印 次：2021年8月第2次印刷
定 价：299.00元

如发现印装质量问题，影响阅读，请与出版社（020-85716849）联系调换。
售 书 热 线：020-85716826